KB199436

무엇도
홀로
존재하지
않는다

LO SAPEVO, QUI, SOPRA IL FIUME HAO
by CARLO ROVELLI

존재의 연결을 묻는
카를로 로벨리의 질문들

무엇도
홀로
존재하지
않는다

I Knew it,
here, above the Hao river

카를로 로벨리 지음
김정훈 옮김

쌤앤파커스

일러두기

- ◆ 독자의 이해를 돕기 위한 주석은 각주로 처리했으며, 저자 주는 약물(●)로 옮긴이와 편집자 주는 숫자(1, 2…)로 구분했다. 저자 주에 대한 주는 저자 주 안에 괄호로 표시했다.
- ◆ 국내에 소개되지 않은 도서와 매체의 이름은 우리말로 옮기고 원제를 병기했다.
- ◆ 외국어 병기는 원어로 하되 아람어, 아랍어, 그리스어, 러시아어의 경우 독자의 접근성을 높이기 위해 영어로 옮겨 병기했다.
- ◆ 인명과 지명 등 외국어 고유명사의 독음은 외래어표기법을 따르되 관용적 표기를 따른 경우도 있다.

한국어판 서문

세계를 연결하는 아주 작은 호기심

사랑하는 한국 친구들에게 따뜻한 인사를 전합니다. 한국 독자들이 저의 책을 반갑게 맞아준 우정에 매우 감사하게 생각합니다.

이 책은 제가 지난 몇 년간 유럽 여러 신문에 기고한 글들을 모은 것입니다. 이 글들은 과학자로서 기술적 작업의 여백에 대한 저의 호기심과 지적 열정, 그리고 철학과 예술을 비롯해 여러 주제에 대한 저의 생각을 담고 있습니다.

이 책의 원제《여기 호수 위에서 알았네Lo sapevo, qui,

sopra il fiume Hao》는 중국의 위대한 고대 철학서《장자》의 유명한 변론에서 따왔습니다. 이것은 물고기의 즐거움에 대해 알 수 있는지 논의하는 두 철학자 간의 짧고 유쾌한 대화로, 큰 차이를 뛰어넘는 소통의 가능성을 보여줍니다.

과학에서 철학, 역사에서 예술에 이르기까지 다양한 주제를 다루지만, 이 짧은 글들은 '하나의 선善과 희망'이라는 주제로 연결됩니다. 이 글들은 우리 자신과 서로에 대해 확신하기보다는 기꺼이 대화하고, 마음을 열고, 협력하자는 초대입니다.

저는 몇 권의 책을 통해 '과학자'로서 지금까지 여러분을 만나왔습니다. 그래서 어떤 분들은 저의 이런 얘기들이 조금은 낯설게 들릴지도 모르겠습니다. 하지만 이 책에서도 제가 과학자라는 사실은 달라지지 않았습니다. 그저 다루는 주제들이 단순한 과학적 호기심을 넘어, 우리의 일상적 삶과 더 깊은 연결성을 가지고 확장되었을 뿐입니다.

저는 우리 모두가 공동 세계의 일부라고 생각합니다. 상호 간에 적대와 공포를 키우기보다는 서로 손을 내밀어야 한다고 생각합니다. 인류의 공동선을 위해 우리는 아무리 큰 차이를 가지더라도 협력하고 소통해야 합니다.

우리가 세계를 이해하는 방식은 우리가 살아가는 방식에도 직접 영향을 미칩니다. 저는 한 분야에 고정되지 않고 우리 자신과 타인, 그리고 우리를 둘러싼 세계를 바라보는 새로운 시각을 찾아 여러분과 함께 이 짧은 길을 걸어보고 싶습니다.

우리가 세계의 일부임을 깨닫고, 모든 존재와의 연결성을 인식할 때, 우리는 더욱 공감하고 책임감 있는 삶을 살 수 있을 것입니다. 이 책이 우리가 직면한 다양한 도전에 대해 함께 고민하고, 서로 다른 관점을 이해하며, 공동의 해결책을 모색하는 계기가 되기를 바랍니다. 여러분이 이 여정에 동참해준다면 저는 무척 기쁠 것입니다.

여러분의 열린 마음과 지적 호기심이 이 책을 더욱 풍성하게 만들어주기를, 우리 모두의 지혜와 통찰이 모여 이 책의 내용을 넘어설 수 있기를 바랍니다.

2025년 5월

카를로 로벨리

CONTENTS

장자,
물고기의 즐거움을 알다

<코리에레델라세라Corriere della Sera>의 <라레투라La Lettura>[1], 2021년 10월 24일.

장자와 혜시가 호수濠水의 다리 위를 걷고 있었습니다. 장자가 말했습니다. "저기 물고기가 한가롭게 놀고 있구나. 저것이 바로 물고기의 즐거움이지!" 그러자 혜시가 반문했습니다. "자네는 물고기가 아닌데, 어떻게 물

---

1 이탈리아 일간지 <코리에레델라세라>의 부록으로, 매주 일요일 발행되는 잡지다. 문학, 철학, 예술, 과학, 사회 문제를 주로 다룬다. 유명 작가와 학자, 문화 전문가의 기고를 싣는다. 신간 소개, 작가 인터뷰, 문학상 관련 소식 등 '읽기'라는 잡지의 이름에 걸맞게 독서와 관련된 다양한 주제를 다룬다.

고기의 즐거움을 아는가?" 장자는 대답했습니다. "자네는 내가 아닌데, 내가 물고기의 즐거움을 알지 못한다고 어떻게 아는가?"

혜시는 "나는 자네가 아니니 당연히 자네가 어떤지 알지 못하지. 그러나 자네는 물고기가 아니란 말이야. 그거면 자네가 물고기의 즐거움을 모른다고 추론하기에 충분하지"라고 주장했습니다. 장자는 "다시 처음으로 돌아가보세. '어떻게 물고기의 즐거움을 아는가?'라고 자네가 물었을 때, 자네는 내가 안다는 것을 알고 있었네. 나는 여기 호수 위에서 알았지"라고 말을 맺었습니다.

이 유쾌한 대화는 인류의 위대한 고전 중 하나인《장자》의 유명한 대목입니다. 이 책에는 중국 고전 사상의 가장 풍요로운 시기인 기원전 4세기에 살았던, 도가 철학의 중심인물인 장자의 말과 행적이 실려 있습니다.

이 책은 어지럽고 재미있고 어리둥절한 이야기와 성찰들이 담겨 있는 독특한 책으로, 기발하고 거침없는 문체로 미묘하고 유쾌하게 생각을 뒤흔들고 시험합니다. 모순과 역설과 도발로 가득한 책이죠. 유가의 근엄함과 도덕주의와도, 묵가의 냉정함과도 거리가 멉니다.

장자의 철학은 난해해 한마디로 정리하기가 쉽지 않습니다. 그것은 일종의 자연주의이며, 판단의 상대성을 주장하는데, 때로는 강한 회의주의적 의미가 담겨 있기도 합니다("어느 날 장자는 행복하게 날아다니는 나비가 되는 꿈을 꿨다. 잠에서 깨어났을 때 그는 자신이 나비 꿈을 꾼 장자인지, 아니면 장자 꿈을 꾸는 나비인지 알 수가 없었다"). 장자의 글의 강점은 당연해 보이는 것에 의문을 제기하고 관점을 뒤집어 새로운 전망을 열어주는 힘에 있습니다.

불교가 중국을 거쳐 일본에 전래된 이후 여러 세기 동안 《장자》는 중국 선불교와 일본 선불교의 탄생에 상당한 영향을 미쳤습니다. 그리고 《장자》는 언제나 중국의 전 지성계가 사랑하는 책으로 남아 있었습니다.

다시 물고기 얘기로 돌아가보겠습니다. 대화의 시작은 무난해 보입니다. 장자는 물고기가 강에서 즐겁게 헤엄치고 있다고 말합니다. 그러나 혜시는 반론을 던집니다. '장자는 물고기가 즐겁다는 것을 어떻게 알까? 장자는 물고기가 아닌데' 하고요.

이 반론은 설득력 있게 들립니다. 사소한 지적 이상입니다. 동물행동학에서는 동물의 행동을 쉽게 의인화해 해석하지 않도록 조심하라는 경고를 합니다. 가령, 박쥐가 어떤 느낌을 가지는지 우리가 어떻게 알까요?

이 질문은 동물 연구를 넘어 더 깊이 들어갑니다. 심리철학에서 가장 유명한 논문 가운데 '박쥐가 된다는 것은 어떤 느낌일까?What Is It Like to Be a Bat?'라는 제목의 글이 있습니다. 저자인 미국 철학자 토마스 네이글Thomas Nagel은 (박쥐나 물고기, 인간의) 주관적 관점은 외부에서 접근할 수 없으며, 바로 이 사실 때문에 마음과 몸의 관계 문제를 풀 수 없다고 주장합니다.

의식의 본질이 무엇이고, 그것을 자연주의적으로 이해할 수 있는지의 문제는 오늘날에도 활발한 논쟁거리입니다. 장자는 2,000년이 지난 지금까지 여전히 논쟁되는 문제를 멋지게 요약한 것이죠.

그러나 다음 대목은 기발하고 당황스럽습니다. 장자는 "자네는 내가 아닌데, 내가 물고기의 즐거움을 알지 못한다고 어떻게 아는가?" 하고 천진하게 반문합니다. 언뜻, 말문이 막힙니다. 그러다 곰곰이 생각해보게 됩니다. 다음과 같은 세 가지 가능성이 있습니다.

혜시가 장자의 머릿속을 실제로 알 수 있는 길이 있다면, 같은 방식으로 장자도 물고기가 즐거워하고 있다는 사실을 알 수 있으니, 이 경우 혜시는 장자가 물고기의 즐거움을 알 수 없다고 말할 수 없습니다.

또는 장자가 물고기의 즐거움을 알 수 없다면, 마찬가지로 혜시도 장자의 머릿속을 알 길이 없는데, 그렇다면 장자가 물고기의 느낌을 모른다는 것도 알 수 없습니다.

끝으로 장자와 물고기, 혜시와 장자의 경우가 서로 달라, 혜시는 장자의 머릿속을 알 수 있지만 장자는 물고기의 느낌을 알 수 없을 가능성도 있습니다.

생각해보면 세 번째 선택지는 너무 단순하고 설득력이 없습니다. 물론 사람은 말을 하고 물고기는 말을 못하지만, 우리는 말뿐만 아니라 행동으로도 사람을 이해할 수 있습니다. 장자와 물고기보다는 혜시와 장자가 훨씬 비슷하기는 합니다. 하지만 그것은 정도의 문제입니다. 아이의 슬픔과 새끼 고양이의 슬픔을 이해하는 것이 완전히 다른 것은 아닙니다.

인간의 감정을 이해하는 방식으로 동물의 행동을 읽을 수 없다는 논증은 사실 근거가 약합니다. 실제로 최근 수십 년 동안 동물행동학은 이를 어느 정도 극복해 왔습니다. 제인 구달Jane Goodall, 다이앤 포시Dian Fossey, 비루테 갈디카스Birute Galdikas와 같은 학자들이 대형 유인원인 고릴라, 침팬지, 오랑우탄에 대한 놀라운 연구를 통해 이를 잘 보여줬죠.

그렇다면 두 가지 급진적 가능성이 남습니다. 첫 번째는 네이글 주장의 극단적 버전으로, 마음은 외부에서 접근할 수 없다는 것입니다. 혜시는 이런 방향으로 가고 있는 것처럼 보입니다. 혜시는 장자의 머릿속에 무엇이 있는지 모른다는 것을 인정하고, 그래서 장자도 물고기가 어떤지 알 수 없다고 계속 주장할 수 있습니다. 이 논리로 가면 혜시는 이기겠지만, 의사소통이란 일반적으로 불가능하다는 결론이 내려지는 값비싼 대가를 치르게 됩니다.

그러나 장자의 마지막 말("다시 처음으로 돌아가보세. '어떻게 물고기의 즐거움을 아는가?'라고 자네가 물었을 때, 자네는 내가 안다는 것을 알고 있었네. 나는 여기 호수 위에서 알았지")은 비범합니다. 장자는 혜시의 질문이 그가 어떤 생각을 가지고 있음을 **전제한다**는 점을 지적합니다.

장자는 물고기에 대한 자신의 생각이 맞는지 틀리는

지 하는 논점에서, 이런 생각이 있다는 단순한 사실로 질문을 전환합니다. 아찔한 도약이죠. 초점을 말의 내용(물고기의 즐거움)에서 말 자체(물고기의 즐거움을 안다고 말함)로 옮긴 것입니다.

장자가 지적하는 것은 대화 전체가 어떤 **전제를 가진다**는 점입니다. 혜시가 장자의 앎에 대해 이야기할 수는 있지만, 이 앎 자체는 물고기의 즐거움과 같다고, 즉 외부에서 접근할 수 있거나 없는 것이라고 전제하는 것입니다.

장자는 이 모든 것을 통해 무엇을 말하고 싶은 것일까요? 전혀 소통할 수 없다는 것일까요? 그렇지 않은 것 같습니다. 장자는 혜시가 말꼬리를 잡고 있음을 보여줍니다. 네이글도 그렇고요.

앎, 마음, 물고기가 느끼는 즐거움 등은 자연의 바깥에 있는 것이 아닙니다. 어딘가 가닿을 수 없는 아득한 영역에 있는 것이 아닙니다. 그것들은 자연의 정상적 측면이고, 우리가 자연의 복합적 구조에 부여하는 이름이며, 우리도 그 일부입니다. 우리가 그것들에 대해 이야기하고 앎을 얻는 것 역시 자연의 한 측면입니다.

장자는 타자의 마음을 알 수 없다는 불가능성의 문

제를 해체하고, 이 복잡하고 추상적인 철학적 개념들을 일상적이고 이해하기 쉬운 방식으로 설명하고자 했던 것입니다.

앎은 자연의 외부에 있는 어떤 것이 아닙니다. 그 자체가 자연 세계의 일부입니다.

어쩌면 혜시는 장자가 물고기에 대해 아는 것이 별로 없기에 장자가 틀렸다고, 물고기가 즐거워한다는 것은 사실이 아닐 거라고 반론할 수 있을 것입니다. 그러나 이 문제를 풀 수 없다는 반론은 더 이상 할 수 없습니다. 그렇게 하면 자신의 반론을 스스로 무너뜨리는 셈이 되기 때문입니다!

이것은 제가 지금까지 접한 모든 형태의 이원론에 대한 가장 날카로운 반론입니다. 주체와 객체를 철저하게 구분해 인식의 문제를 정식화定式化하는 것에 대한 반론이기도 하고요. 2,000여 년도 더 된 정식화죠.

해피 메이데이

메이데이 콘서트Concerto del Primo Maggio[1]에서의 연설,
2023년 5월 1일.

꿈같은 밤입니다. 여러분과 함께 이 무대에 서게 되어 정말 감격스럽습니다.

걱정 마세요. 과학 수업이 아닙니다. 사실 제가 정치 이야기를 하려고 하면, 우리 모두의 이해관계와 관련된 이야기를 좀 하려고 하면, 그때마다 바로 누군가 소

1 이탈리아에서 매년 5월 1일 노동절을 기념해 개최하는 대규모 음악 축제. 이탈리아 주요 노동조합들이 공동 주최하며 국내외 유명 아티스트들이 참여한다. 노동자 권리, 사회적 연대, 평화의 메시지를 주로 전한다.

리치더라고요. “닥쳐라, 로벨리. 정치에는 신경 끄고 가서 과학이나 해라!” 하지만 오늘은 바로 정치 이야기를 하고 싶습니다.

세상은 정말 멋지지 않습니까! 이 광장도 멋지고, 음악도 멋지고, 사랑에 빠지는 것도 멋지죠. 하지만 모든 게 다 멋지진 않습니다! 심각한 문제들도 있죠! 그것들을 해결할 수 있는 사람이 있다면, 그것은 바로 여러분입니다.

생태계의 재앙이 다가오고 있습니다. 다들 그 사실을 알고 있습니다. 그 재앙은 여러분의 삶을 망칠 수도 있습니다. 그런데 우리는 필요한 일을 하지 않고 있습니다. 무언가를 한다는 건 귀찮고 성가신 일이니까요. 편협하고 근시안적이어서 그런 것이죠.

부는 극소수의 사람과 거대 기업에 집중되어왔고 경제적 불평등은 계속 커지고 있습니다. 우리 모두 그 대가를 치르고 있죠.

하지만 무엇보다도, 그리고 이것이 바로 제가 여러분에게 말씀드리고 싶은 가장 중요한 건데요, 전쟁이 확대되고 있습니다. 우리는 제3차세계대전으로 향해 가고 있습니다. 그리고 그것은 여러분의 삶에 가장 심각한 위협입니다.

국가들은 함께 협력하고 해결책을 찾는 대신 서로를 배척하고 도발하며 닭장 속의 닭처럼 서로에게 달려듭니다. 다른 나라를 침략하고, 전쟁을 부채질하고, 항공모함을 보내 분쟁을 벌입니다. 국제적 긴장이 이토록 고조된 적이 없었습니다.

우리는 엄청난 금액인 연간 25억 유로(한화 약 3조 7,970억 원)를 군사비로 지출하고 있습니다. 15년 전에 비해 2배 이상 증가한 금액입니다. 그리고 계속 증가하고 있죠. 군사비 급증은 전쟁의 서막입니다. 우리가 가진 자원을 병원, 학교, 음악, 일자리, 좋은 세상을 만드는 일에 사용하는 대신 무기를 만들고 서로를 죽이는 일에 사용하고 있습니다. 이보다 멍청할 수 있을까요?

도대체 왜 그럴까요? 그 이유는 루치아노 리가부에 Luciano Ligabue[2]가 방금 이 무대에서 말한 것 때문입니다. 바로 권력에 대한 갈망이죠. 세상의 권력자들은 대화하고 해결책을 찾기보다 저마다 최강자가 되기를 원합니다. 그들은 민주주의를 설파하기도 하지만, 그때

---

2 이탈리아 싱어송라이터, 영화감독, 작가.

도 그들은 민주주의를 빙자해 모든 사람을 지배하고 싶어 합니다. 또는 이탈리아의 경우처럼 단기적 이익을 기대하며 세계 지배자들의 충직한 부하가 되려고 합니다. 더 근시안적이죠.

그러나 전쟁은 더 시시한 이유 때문에 벌어지기도 합니다. 무기 생산은 엄청난 수익 사업이니까요. 그리고 정치는 죽음의 산업인 군수산업이 만들어내는 돈의 강물 속에서 허우적거립니다.

저는 궁금합니다. 세계 최대 방위산업체 중 하나인 레오나르도Leonardo와 수년간 관계를 맺어온 사람이 이탈리아 국방장관이라는 것이 말이 됩니까? 이탈리아 방위산업협회AIAD의 회장을 역임한 사람 아닙니까? 국방부는 전쟁으로부터 우리를 지키기 위해 존재하는 것입니까, 아니면 죽음의 상인들을 돕기 위해 존재하는 것입니까?

누구나 '평화'를 말합니다. 그러나 많은 사람이 먼저 이겨야 한다고 말을 덧붙입니다. 평화를 원한다고 하지만, 그 말은 당연히 승리한 후의 평화를 원한다는 뜻입니다.

우리는 적들이 저지르는 끔찍한 일을 목도합니다.

하지만 우리의 무기 때문에 벌어진 참사는요? 우리가 생산해 다양한 전쟁터로 보내는 폭탄 수천 개는 여느 폭탄과 마찬가지로 파괴와 살상을 일으킵니다. 여느 폭탄처럼 고통을 만들어냅니다.

그리고 잊지 맙시다. 핵폭탄 수만 개가 모든 사람의 머리 위에서 폭발할 준비가 되어 있으며, 지금처럼 핵 재앙이 가까운 적은 없었습니다. 미친 상황이죠. 이러한 상황에서 지금 이탈리아 정부는 항공모함 전단을 중국 해역으로 파견하는 결정을 하고 있습니다. 미국을 따라 중국에 대항하기 위해서요. 여러분의 목숨을 앗아갈 수도 있는 결정이죠. 이건 우리가 원하는 세상이 아닙니다.

청년 여러분, 세상은 군벌의 것이 아닙니다. 세상은 여러분의 것입니다. 군벌이 아니라 바로 여러분이 미래 세계입니다. 여러분은 많고도 많기 때문입니다. 여러분은 여기 로마에도, 베이징에도, 샌프란시스코, 리우데자네이루, 이슬라마바드에도 있습니다. 지구는 여러분의 것입니다.

그리고 여러분은 지구를 바꿀 수 있습니다. 혼자서는 못해도, 함께라면 할 수 있습니다. 여러분은 지구의 파괴를 막을 수 있습니다. 경제적 불평등을 되돌릴 수 있습니다. 전쟁을 멈출 수 있습니다. 서로 대립하는 것이 아닌 협력으로 공동의 문제를 해결하는 세상을 만듭시다.

우리가 사랑하는 이 세상은 더 나은 세상을 꿈꿀 줄 알았던 과거의 청년들에 의해 만들어졌습니다. 때로는 모든 것을 전복하는 대가를 치르더라도 말입니다. 바스티유를 공격하고 겨울 궁전을 불태우는 겁니다.[3]

저한테 그랬듯 누군가 여러분에게 이렇게 말할지도 모릅니다. "정치에는 관여하지 말고, 너 자신만 생각해라." 이는 편협한 근시안이 되라는 이야기입니다.

그래서 저는 여러분에게 이런 말을 하고 싶습니다. 불만, 이루지 못한 꿈, 푸념, 타인에게 좌우되는 미래에 대한 불안감을 안고 살지 마세요. 여러분의 미래를 여러분 자신의 손에 맡기세요. 서로 맞서는 것이 아니라 함께 더불어 살면서요.

세상을 바꾸는 일은 가장 아름다운 모험입니다. 인

---

3 1789년 프랑스혁명의 시작을 알린 바스티유 감옥 습격 사건과 1837년 러시아제국의 권력과 위엄을 상징하는 겨울 궁전에 발생한 대규모 화재를 말하는 것이다.

생은 타오르며 빛날 때 아름다운 것입니다. ('타오르지 않으면 빛나지 않는다', 제가 연설을 시작할 때 연주되던 곡의 제목이죠.)

말할 줄 아는 사람은 말하고, 연주할 줄 아는 사람은 연주하고, 아이디어가 있는 사람은 발표하고, 글 쓸 줄 아는 사람은 글 쓰고, 조직할 줄 아는 사람은 조직하고, 더 많이 할 줄 아는 사람은 더 많이 하는 것입니다.

군벌은 수천 명의 인간을 죽이기를 두려워하지 않습니다. 여러분은 벽을 더럽히기를 두려워하지 마세요. 양식 있는 사람들은 이탈리아를 세운 주세페 가리발디 Giuseppe Garibaldi[4]를 '테러범'이라고 불렀습니다. 그러고는 그의 동상을 만들었죠.

미래를 여러분 자신의 손에 맡기세요. 군벌에게 넘겨주지 마세요. 바꿉시다, 여러분! 이 전쟁의 세상을!

해피 메이데이.

---

4 19세기 이탈리아 통일을 이끈 혁명가이자 민족주의자. 의용군과 무장봉기를 일으키며 권력에 맞선 그의 행동은 당시 보수적 시각에서 폭력적이고 무정부적인 반란으로 여겨졌다. 하지만 무력 투쟁에 통일이라는 큰 성과가 뒤따르며 그는 국민 영웅으로 재평가되었다.

모든 것은 레스보스섬 바다에서 시작되었다

<코리에레델라세라>의 <라레투라>, 2022년 2월 20일.

에게해 북동쪽에 인류의 가장 소중한 두 가지 창조물이 탄생한 마법의 섬이 있습니다. 그 두 창조물은 바로 서정시와 관찰 과학으로, 모두 우리가 현실에 대해 생각하는 방식의 일종입니다. 하지만 그 방식이 정반대라고 할 수 있죠.

이 섬의 이름은 레스보스Lesbos이고, 주요 도시는 미틸레네Mytilene입니다. 이 섬에서 '여자를 사랑하는 여자'를 뜻하는 '레즈비언lesbian'이라는 말이 유래했죠.

레스보스섬에는 인류 역사상 가장 비범한 여성 중

한 사람이 살았고, 사랑했고, 글을 썼습니다. 고대 그리스 시인 알카이오스는 그녀를 "제비꽃 왕관을 쓴, 거룩하고 달콤하게 웃음 짓는 사포"라고 부릅니다. 고대 세계는 그녀를 "열 번째 뮤즈"라고 부르며 숭배했습니다. 그녀의 방대한 시 작품은 아쉽게도 단편으로만 남아 있습니다. 하지만 이 단편들은 숨 막힐 정도로 눈부시게 빛납니다. 사랑, 열정, 질투가 여기에 있습니다.

신과도 같아 보이네요
그대를 마주 보고 앉아
그 달콤한 목소리와
사랑스러운 웃음소리를
가까이서 듣는 그 남자는.
아, 가슴속 심장은 쿵쾅,
그냥 잠깐 그대를 보기만 해도
말이 나오질 않아
혀는 굳고, 여린 불길이
살갗 아래서 돌아다녀,
내 눈엔 아무것도 보이지 않고
내 귀엔 우르릉 소리만

식은땀이 나를 감싸고

떨림이 나를 온통 사로잡아

풀잎보다 더 파리한 나

꼭 죽을 것만 같아.[1]

페니키아 문자에서 유래한 그리스 알파벳은 기원전 7세기에서 6세기 사이에 발명된 문자입니다. 그것은 최초의 진정한 표음문자로, 그 덕분에 소수의 전문 필경사만이 아니라 여러 사회계층이 글을 읽고 쓸 수 있게 되었죠. 어쩌면 사포도 문자 발명에 뒤따른 예술과 사상의 폭발적 발전의 산물일 수 있습니다.

물론 그리스의 위대한 시는 그전부터 오랫동안 존재해왔습니다. 《일리아스》와 《오디세이》는 수 세기 동안 읊어졌을 것이고, 메소포타미아의 웅장한 시 《길가메시 서사시》는 1,000년 넘게 울려 퍼졌을 것입니다.

그러나 영혼의 직접적이고 즉각적인 노래인 서정시는 바로 이 시기에만 탄생했으며, 어쩌면 다시는 도달

---

1 사포의 시 중 가장 유명한 <단편 31>로, '질투'라는 별칭으로 잘 알려져 있다.

할 수 없을 만큼 높은 경지에 이르렀습니다. 사포와 동시대에 활동한 시인인 알카이오스도 레스보스섬 출신으로, 그의 서정시도 못지않게 뛰어납니다.

이미 크산토스의 강둑에 돌아온 말들
하늘에서 내려온 습지의 새들
산봉우리에서 풀린 차가운 푸른 물
싹을 틔운 포도나무 가지와 푸른 갈대
벌써 계곡에 울려 퍼지는 봄의 노래

사포와 알카이오스가 서로 시를 읊어주고, 서로의 눈을 보며 마음의 노래를 듣는 모습을 상상해봅니다.

기원전 4세기 중반, 튀르키예 해안의 광활한 만에 진주처럼 박힌 이 작은 섬에 아리스토텔레스가 찾아옵니다. 그는 레스보스섬 출신의 충직한 동료이자, 장차 리케이온Lykeion[2]을 이어받아 교장이 될 테오프라스토스의 초대를 받았던 것입니다.

플라톤이 죽고 아테네를 떠난 아리스토텔레스는 레

2 기원전 355년에 아리스토텔레스가 그리스 아테네에 세운 학원.

스보스섬에 오래 머물지는 않았습니다. 몇 년 후 (아리스토텔레스의 아버지가 궁정 의사로 있었던 곳인) 마케도니아의 필리포스 2세로부터 부름을 받아 어린 왕자의 교육을 담당하게 되었기 때문입니다. 이 왕자는 알렉산더대왕이 되어 세계사의 방향을 바꾸고 헬레니즘 세계의 토대를 마련했고, 그 문화 위에서 오늘날 우리가 살고 있는 것입니다.

아리스토텔레스와 테오프라스토스가 레스보스섬에서 함께 보낸 몇 년은 과학의 역사에서 매우 중요한 시기였습니다. 레스보스섬은 지형이 독특합니다. 섬과 튀르키예 해안 사이에는 해류가 빠른 좁은 해협이 있고, 섬 안쪽에는 수심이 얕고 잔잔한 큰 석호가 있습니다. 이곳 바다는 생명체들로 가득 차 있습니다. 두 친구는 이 생명체들을 세심하고 정밀한 방법으로 연구해 지식의 역사에 새로운 장을 열었습니다.

아리스토텔레스는 생물들에 대한 관찰 결과를 모아 여러 권의 책에 기록합니다. 《동물지》[3]에서는 거의

---

3 국역본: 아리스토텔레스, 《동물지》, 서경주 옮김, 김대웅 해설, 노마드, 2023년.

600여 종에 대해 설명합니다.《동물의 부분들에 대하여》[4]에서는 동물의 체계적 분류와 상세한 비교해부학을 소개합니다.《동물의 발생에 대하여》에서는 다양한 종의 번식 방법과 배아의 발달 과정에 대한 정확한 분석을 다룹니다.

아리스토텔레스의 생물 관찰 기록은《동물의 진행에 대하여》《동물의 움직임에 대하여》 등의 저서에서 계속됩니다. 갑오징어부터 성게, 산호, 메기, 시끈가오리, 아귀, 낙지, 오징어에 이르기까지 생활 방식, 짝짓기, 구조, 기능, 분포, 습성을 두루 다룹니다.

아리스토텔레스에 대해 '모든 것을 제1원리에서만 끌어내는 철학자'라는 인상을 가지고 있다면, 그것은 오해입니다. 오히려 그의 관찰은 매우 예리했지만, 수 세기 동안 진지하게 여겨지지 않다가 19세기에야 옳다고 인정받는 경우도 있었습니다. 문어에게 생식을 위한 특수한 다리가 있다는 것을 발견했을 때도 그랬죠.

---

4 국역본: 아리스토텔레스,《아리스토텔레스 동물의 부분들에 대하여》, 김재홍 옮김, 그린비, 2024년.

영국 생물학자 찰스 다윈은 이렇게 말했습니다. "나는 아리스토텔레스에게 여러 장점이 있다는 것은 잘 알고 있었지만, 그가 얼마나 놀라운 사람인지는 전혀 알지 못했다. 린네와 퀴비에[5]는 나의 두 신이었지만, 그들은 단지 아리스토텔레스의 제자에 불과했다."

아리스토텔레스 과학의 주요 원천은 직접 관찰이었지만, 그것이 유일한 원천은 아니었습니다. 아리스토텔레스는 어부, 농부, 양치기, 여행자들로부터 견해와 관찰을 모으고 선별하고 걸러내려 노력했습니다.

테오프라스토스의 《식물지》와 《식물의 원인에 대하여》는 식물의 구조, 성장과 번식 방식, 품종과 분포 그리고 치료 효과를 포함한 용도 등 식물 세계를 광범위하게 다룹니다.

과학이 자연을 광범위하고 세밀하게, 체계적이고 비판적으로, 관찰하고 조직화하는 일이라면, 이것이 곧 과학의 시작입니다. 생물학과 식물학의 시작입니다. 임페리얼칼리지 런던의 진화발생생물학 교수 아르망

---

5 스웨덴 식물학자 칼 폰 린네Carl von Linne와 프랑스 동물학자 조지 퀴비에Georges Cuvier.

마리 르로이Armand Marie Leroi는 《과학자 아리스토텔레스의 생물학 여행 라군The Lagoon》(2014년)[6]이라는 책에서 열정적으로 이를 이야기합니다.

아리스토텔레스와 테오프라스토스의 생물 묘사들은 매우 세심해, 그들이 식물과 동물을 직접 관찰하고 해부한 것은 분명해 보입니다. 자연에 매료된 36세의 아리스토텔레스와 23세의 테오프라스토스가 무릎을 구부리고 앉아 성게를 들여다보는 모습이 상상됩니다.

사포, 알카이오스, 아리스토텔레스, 테오프라스토스. 서정시와 관찰 과학은 모두 현실을 묘사하고 사고하는 예리한 방식입니다. 물론 각자 방식이 다르고 관심의 초점도 매우 다릅니다. 이 두 가지가 하나의 작은 섬에서 꽃을 피웠다는 사실이 놀랍지 않습니까? '여자를 사랑하는 여자'에게 이름을 준 그 섬에서 말입니다.

그런데 지금 레스보스섬은 어떤가요? 저는 지난여름 그곳에 있었습니다. 온화한 생활, 다정한 주민들, 그리스 섬 특유의 거부할 수 없는 영원한 매력이 있죠. 하

---

6 국역본: 아르망 마리 르로이, 《과학자 아리스토텔레스의 생물학 여행 라군》, 양병찬 옮김, 이정모 감수, 동아엠앤비, 2022년.

지만 관광객이 바닷가에서 도미와 돌마dolma[7]를 즐겁게 맛보는 동안, 이 섬의 카라 테페Kara Tepe 난민 캠프에는 2,000명 가까운 이주민이 들어차 있습니다. 2020년 모리아Moria 난민 캠프가 불타고 급하게 지어진 곳이죠. 국경없는의사회와 다른 단체들의 보고서에 따르면 그 환경이 감옥 같다고 합니다.

오늘날 세계에 남아 있는 긴장과 불평등, 심각한 부정의는 인류에게 가장 소중한 두 가지 보석을 선사한 이 작은 섬에도 그 얼룩을 남기고 있는 것입니다.

---

7 포도잎에 양고기와 쌀, 잣, 허브 등을 싸서 쪄낸 음식.

애니시 커푸어와 우리의 몽유병

<애니시 커푸어>[1], 2022년.

애니시 커푸어Anish Kapoor의 카탈로그에 글을 써달라는 요청을 받았을 때, 저는 매우 곤란했습니다. 제가 예술에 대해 무엇을 알겠습니까? 조각에 대해서는 아무것도 모릅니다. 그저 어렸을 때 미켈란젤로와 사랑에 빠졌고, 그 후로 줄곧 그에게만 충실해왔거든요. 저는 과학자이고, 이해하지 못하는 것들을 대해 이미 너무 많

1 2022년 베네치아 아카데미아 미술관Gallerie dell'Accademia과 만프린 궁전Palazzo Manfrin에서 열린 애니시 커푸어의 대규모 회고전을 기념해 마르실리오 아르테Marsilio Arte에서 발간한 카탈로그.

이 얘기했는데, 왜 하나를 더 추가하겠습니까?

최근에 본 애니시의 몇 작품도 무언가 어려워 잘 이해되지 않았습니다. 그래서 망설이다가 결국 원고 청탁을 거절했죠. 부담감에서 벗어나고 이제 한결 가벼운 마음으로 작품을 보기 시작했습니다. 그랬더니 흥미가 생겼습니다. 점점 더 관심이 커져갔죠. 애니시의 좀 긴 영상을 봤는데, 그의 끊임없는 미소가 마음에 와 닿았습니다. 그렇게 그의 작품에 빠져들었고, 완전히 사로잡혔습니다.

'완전히' 말입니다. 왜인지는 모르겠습니다. 아마도 수백만 명이 매료된 것과 같은 이유일 것입니다. (어쩌면 다른 이유 때문일 수도 있고요. 우리는 모두 다르니까요.) 그래서 그의 위대함을 느끼기 시작한 저는 결국 애니시 커푸어에 대한 경의의 의미로 글을 쓰기로 결심했습니다.

하지만 저는 그의 작품이 왜 사람들을 사로잡는지 모릅니다. 그런 것은 미술 평론가들이 잘 설명하죠. (또는 설명하지 않기도 하고요. 미켈란젤로 작품이 왜 사람들을 사로잡는지 제대로 설명해준 사람이 있을까요?) 그래서 그보다는 애니시의 궤적이 과학자로서 저에게 어떤 울림을 주는지 몇 마디 말씀드리고 싶습니다. 저는 아마도 숨은 친화성 같은 것에 매료된 것 같습니다.

이런 관점에서 보면 애니시의 생각은 간단합니다. 그는 아무도 가보지 않은 곳, 앎의 끝자락으로 과감히 나아갑니다. 우리 모두를 함께 데리고 가고 싶어 하면서 말입니다. 그는 새로운 공간을 시도하고, 우리에게 새로운 관점, 스케일, 색상, 소재를 제시합니다. 그리고 우리가 인식하는 것과 인식하지 못하는 것 사이의 가느다란 줄 위에서 아슬아슬하게 균형을 잡습니다. 이것은 마술입니다.

그러나 이 탐구가 곧 최고의 과학이 하는 일입니다. 도전이죠. 아무도 가보지 않은 곳, 앎의 끝자락으로 나아가 세계를 이해하는 방식을 재편하고 이해의 폭을 넓히고자 하는 것입니다. 우리에게 새로운 공간, 새로운 관점, 새로운 척도를 제공하고, 우리가 인식하는 것과 인식하지 못하는 것 사이에서 균형을 잡으려 합니다. 이것은 과학의 마술이죠.

예술이 가고자 하는 이 공간은 어떤 것일까요? 우리가 이미 접근할 수 있는 곳 너머에 있는 이 공간은 어디에 있을까요? 그 공간을 '영적' 공간으로 부른다면,

그것이 어떤 것인지 이해하기를 포기하겠다는 선언이나 마찬가지일 것입니다. 그 공간을 '감정적' 공간으로 부른다면, 그것을 과소평가하는 일이 될 것입니다. 저는 그 공간은 과학이 탐구하고자 하는 공간에 오히려 더 가깝다고 생각합니다. 비록 그 수단은 매우 다르더라도 말입니다.

나름 설명을 시도해보겠습니다. 애니시의 작품 하나를 봅니다. 그것은 하나의 대상이고, 형태가 있고, 색이 있고, 이런저런 방식으로 빛을 반사하고, 질감이 있고, 무언가 움직이는 것 같기도 합니다. 그러나 내가 보는 것은 대상 자체가 아닙니다. 나에게 도달한 색은 대상 자체보다는 망막의 구조에 의해 결정됩니다. 하늘을 지나가는 구름이 거울 표면에 비친 모습처럼요.

형태와 질감은 우리 뇌가 해석하고 연결한 것입니다. 공명하는 것이죠. 우리가 보는 모든 것은 공명합니다. 의자를 보면 우리는 그것이 의자라는 것을 알고, 의자는 우리가 아는 그 기능과 공명하고, 우리가 경험한 다른 의자들과 연결된 수많은 기억과 공명합니다. 그냥 사물이기만 한 것은 존재하지 않습니다.

우리에게는 오직 해석된 대상만 있을 뿐입니다. 그

대상은 만화경 같은 상호작용 네트워크에 의해 구성됩니다. 주변 환경과 우리 자신, 그리고 뇌에서 일어나는 엄청나게 복잡한 일이 연결되어 대상을 해석한 결과를 내놓는 것이죠.

그런데 대부분의 사물은 쉽게 알아볼 수 있습니다. 의자, 책상, 자동차 등은 특별히 노력하지 않아도 그 기능과 용도를 알 수 있고, 우리 뇌에 '익숙한 사물'로 저장되죠. 이미 정보가 처리된 사물들에 우리는 주의를 기울이지 않고 지나칩니다.

그러다 어떤 사물이 더 크게 공명하거나, 우리의 손을 잡고 기존의 범주에 의문을 품게 합니다. 그 공명과 질문은 우리와 사물 사이의 연결 고리를 확장시키고, 우리에게 새로운 시각을 제공합니다. 저는 이것이 최고의 예술이라고 생각합니다. 사물을 바라보는 새로운 방식을 섬세하게 제안하는 것이죠.

과학은 이 일을 다른 수단을 통해 하는 것입니다. 그래서 드물고, 한계에 도달하고, 인식할 수 없는 것과 형언할 수 없는 것에 인접해 있는 것입니다. 그것은 의미 자체를 가지고 놀기 때문입니다. 과학은 우리가 너무 자주 잊어버리는 것을 상기시켜줍니다. 현실은 우리가 일상적으로 사용하는 지루한 분류보다 훨씬 풍요롭다는 사실 말입니다.

애니시가 하는 일도 마찬가지입니다. 아, 그는 어떻게 이런 일들을 해내는 걸까요? 우리는 그의 구멍 속에서 길을 잃고, 색채와 재료와 순수한 형태에 매혹되고, 표면에 당황하고, 거울에 혼란스러워했습니다.[2] 우리는 안과 밖의 구별을 잃었고, 물질을 드러내는 동시에 감추는 녹청에 매료되었습니다. 르네상스 예술가와 마찬가지로, 그의 능수능란한 솜씨는 우리의 눈을 틔워 세계를 새롭게 읽을 수 있도록 합니다.

예술 작품을 마주할 때 일어나는 일은 대상 자체에서 일어나는 것이 아니고, 어떤 신비로운 영적 세계에서 일어나는 것도 아닙니다. 그 일은 엄청나게 복잡한 우리의 뇌 안에서 일어납니다. 우리가 의미라고 부르는 것을 만들어내는, 만화경처럼 복잡한 관계들의 네트워크 속에서 일어납니다. 그것은 우리를 몽유병에서 깨어나게 하고, 세계에서 새로운 것을 보는 기쁨을 되

2 애니시의 대표작 '림보로의 하강 Descent into Limbo'(1992년), '거울 Mirror'과 '하늘 거울 Sky Mirror' 시리즈를 함께 보기를 권한다.

찾아줍니다. 그래서 우리는 예술 작품에 더욱 깊이 빠져들죠.

과학도 같은 기쁨을 줍니다. 저는 애니시가 특유의 미소를 지으며 "할 말이 없어요I have nothing to say"[3]라고 말하는 것을 들은 적이 있습니다. 네, 당연하죠. 무엇을 말할지 이미 알고 있다면 우리에게 왜 예술이 필요하겠습니까? 이미 알고 있다면 왜 과학적 탐구가 필요하겠습니까?

---

3 애니시는 여러 인터뷰에서 해당 표현을 사용했다. 그는 예술가의 역할이 관람자에게 '의미를 전달하는 것'이 아닌 '새로운 경험을 제공하는 것'이라고 생각했으며, 그런 점에서 "할 말이 없다"라는 표현은 그의 예술 철학과 관련이 깊다.

음악

에릭 바타글리아와의 대담. <코리에레델라세라>의 <라레투라>, 2022년 6월 5일.

우리는 둘 다 5월 3일에 태어났습니다. 서로 직접 만난 적은 없습니다. 에릭 바타글리아Erik Battaglia•는 음악가이고, 카를로 로벨리는 과학자입니다. 몇 달간 우리는 아주 열심히 이메일을 주고받았고, 멋진 음악 작품을 보내주기도 했습니다.

• 음악학자이자 성악 교사, 그리고 바리톤 가수인 바타글리아는 독일 가곡과 실내 성악곡에 평생을 바쳤다.

에릭 바타글리아 저의 의문은 소리로 표현되기 직전 음악의 상태에 관한 것입니다. 즉, 음악과는 다른 어떤 것이지만 이미 소리로 흥분된 상태에 관한 의문입니다. 오선지에서 음악을 읽거나 생각할 때 '내적으로 들리는' 음악을 지배하는 법칙은 무엇일까요?

음악이 물리적(또는 청각적) 현상으로 변환되기 위해서는 먼저 음악을 이루는 정신적 원형 상태를 거쳐야 하는 상황이 있습니다. 평균율 체계에서는 이름은 다르지만 소리는 같은 음(미 샤프와 파 내추럴)이 있을 수 있습니다. 하지만 비평균율 체계에서는 음조에 미세한 차이가 있습니다. 마치 음향적 '쿼크'와 같은 콤마가 있는 것이죠.[1] 하지만 악보의 음표를 정신적으로 읽는 경우에 그 물리적 데이터, 즉 내가 발생시킨 엔트로피의 정도는 얼마나 될까요?

카를로 로벨리 아마도 음악은 (다른 많은 비슷한 것과 마찬가지로) 악기에서 나오는 음파에 있는 것도, 오선지에

---

1 '콤마'란 서로 다른 두 음 사이의 미세한 주파수 차이로, 이 문장은 물리학에서 밝혀진 가장 작은 단위인 '쿼크'에 빗대어 그 차이가 아주 작다는 것을 강조하고 있다.

적힌 기호에 있는 것도 아닐 것 같습니다. 음악은 소리와 음표의 '내적 관계'와 '외적 관계'라는 두 가지 **관계**의 복합체 속에 존재합니다.

내적 관계는 쉽게 알 수 있지만 그 자체로는 거의 의미가 없습니다. 피아노에서 파 샤프 건반을 누르면 그저 '소리'가 나올 뿐입니다. 하지만 당신이 보내준 독일 작곡가 루트비히 판 베토벤의 '장엄미사곡Missa Solemnis'(1823년)을 떠올려봅시다. '베네딕투스Benedictus'[2] 첫 프레이즈phrase[3]의 바이올린에서 흘러나오는 파 샤프는 하나의 '감정'입니다. 하모니에서는 이를 훨씬 분명하게 확인할 수 있죠.

에릭 바타글리아 솔-시-파의 3음 코드가 있을 때(직접 들려줄 수 있으면 좋겠네요!) 거의 중력에 끌려가듯 다장조 코드(솔-도-미)로 이끌리지만, 파를 미 샤프(피아노에서 둘은 같은 음이죠)로 정신적으로 해석하면 완전히 다

2 베토벤의 '장엄미사곡'은 5개 악장으로 구성되어 있는데, '베네딕투스'는 그중 네 번째 악장 '상투스Sanctus'의 일부다.

3 곡의 흐름에서 비교적 완성된 주제나 악상을 나타내는 단위로, 악구나 악절로 표현된다.

른 나단조 코드로 중력의 중심이 바뀝니다.

저는 음을 정신적으로 선택하는(소리로 구현되기 직전의) 그 순간이 결정적이라고 생각합니다. 슈뢰디즈니Schrödisney의 재즈 연주자 '아리스토캣'[4]의 생사뿐만 아니라, 그가 연주할 음악까지 결정하는 순간인 것이죠. 장엄한 다장조인지 씁쓸한 나단조인지가 결정되는 것입니다.

그러나 화음의 '정신적 원형'이 그 자체로 감각적이고 물리적인 실재로서 측정 가능한 엔트로피를 가질 수 있는지, 나의 관찰이 현상 자체에 영향을 미치는지 저는 알지 못합니다. 양자역학에서 관찰자가 시스템(예를 들면 전자의 위치나 운동량)에 영향을 미칠 수 있다는 독일 물리학자 베르너 하이젠베르크의 말처럼, 전자가 존재하는 순간 '다른 어떤 것'(관찰자, 다른 물리적 요소 등)과 통합되어 상호작용하는지 저는 알지 못합니다.

---

4 '아리스토캣'(1970년)은 월트 디즈니 컴퍼니의 애니메이션으로, 고양이들이 주인공이며 길고양이 재즈밴드가 등장한다. 슈뢰디즈니는 슈뢰딩거와 디즈니를 합성해 표현한 유머다.

카를로 로벨리 분명 앞뒤로 오는 음들과 맺고 있는 관계를 연주하겠죠.

에릭 바타글리아 당신이 《시간은 흐르지 않는다L'ordine del tempo》(2017년)[5]에서 인용한 에드문트 후설Edmund Husserl의 은유[6]에 따르면, 우리가 멜로디를 들을 때 '이전 것을 되잡기'가 있는 것은 사실입니다. 그러나 멜로디를 부르거나 듣기 전에, 예를 들어 악보를 읽으며 상상 속에서 그것을 보면 어떻게 될까요? 귀가 들리지 않는 베토벤이 '절세의 아름다움'을 지닌 사중주를 작곡했을 때처럼 말이에요. 그런 순간에 우리는 정말로 그 화음을 생각하는 걸까요? 아니면 그 소리 조합에 대한 경험

---

5 국역본: 카를로 로벨리, 《시간은 흐르지 않는다》, 이중원 옮김, 쌤앤파커스, 2019년.

6 "후설은 '과거지향'(혹은 '보존')에 의거하여 경험의 형성을 설명할 때 아우구스티누스처럼 멜로디 청취의 은유를 사용했다. (…) 우리가 어떤 음을 듣는 순간, 이전의 음이 '보존'되고, 그다음에는 보존된 음이 보존되고, 그런 식으로 계속 진행된다. 그로 말미암아 현재는 점점 더 희미해지는 과거의 연속적인 흔적들을 포함하게 된다. 후설에 의하면 이러한 보존 과정을 통해 현상이 '시간을 구성'한다."(《시간은 흐르지 않는다》, 191쪽.)

을 생각하는 걸까요?

카를로 로벨리 그게 바로 핵심인데요. 저는 소리들 사이의 **내적 관계**만으로는 아무것도 아니라고 생각합니다. 중요한 것은 **외적 관계**입니다. 청취자, 그의 뇌, 뉴런, 기억, 기대, 세계, 문화와의 관계가 중요한 것입니다. 그리고 음, 음의 조합, 음악적 구조 등이 **이미** 그의 안에 어떻게 결정화結晶化되어 있는지 그 암묵적 의미와의 관계가 중요한 것입니다.

저는 이것이 비유적 의미가 아니라 글자 그대로 사실이라고 생각합니다. 음악은 악보에 있는 것도 아니고, 음파에 있는 것도 아닙니다. 그것은 우리의 뇌에서 일어나는 끝없는 일련의 과정에 있습니다. 이 과정은 악보나 음파와 부분적으로만 관련되어 있습니다. 그보다는 외부와 '공명'하는 강도와 의미, 감정의 세계 전체와 훨씬 깊은 연관이 있는 것이죠. 이번에는 글자 그대로가 아니라 비유적 의미입니다.

에릭 바타글리아 제가 추구하는 음악의 이해와도 공명하는 해석이네요. 제가 추구하는 것은 신비주의적이거나 형이상학적이지는 않지만, 분명히 감정에 뿌리를 두는 이해입니다. 저는 후설의 글에서 '음악은 정의 가능하며, 감정적인 동시에 물리적인 실재다'라는 저의 생각을 확인할 수 있었습니다.

독일 시인 하인리히 하이네는 "말이 그친 곳에서 음악은 시작된다Wo die Worte aufhören, beginnt die Musik"라고 말했습니다. '음악은 형언할 수 없는 것을 표현하는 예술'이라는 낭만주의적 관점이 반영된 말이겠지만, 음악을 정의할 수 있다는 저와는 상반되는 생각이죠. 저에게 하이네의 말은 근본적으로 모순된 것처럼 보입니다. 정작 그 자신도 앞서 말한 것처럼 언어를 통해 음악을 정의했으니까요.

음악을 진정 이해하기 위해서는 반드시 풀어야 할 비밀이 있었던 것입니다. 이 조각이 빠져 있을 때, 음악에 대한 우리의 이해는 불완전할 수밖에 없습니다. 그 비밀이 바로 외적 관계(음악이 청취자의 뇌, 기억, 문화 등과 맺는 관계)가 이루는 세계입니다. 그 세계의 끝없는 풍요를 이해할 때, 우리는 음악에 대해 진정한 이해를 얻을 수 있습니다. 그 관계는 매우 복잡하지만, 그 복잡성은 우리에게 남은 몫이죠.

카를로 로벨리 자연은 조합들의 변화무쌍한 놀이입니다. 우리의 뇌는 이 무수한 조합 속에서 구조와 패턴을 찾으며 살아갑니다. 생명체는 자신과 상호작용하는 혼란스러운 사건들 속에서 패턴을 찾고, 이를 이용해 방향을 잡고 미래를 예측하며 살아갑니다.

우리가 아는 바에 의하면, 우리의 뇌는 두 가지 핵심적 일을 합니다. 과거의 흔적을 (기억 속에) 축적하고, 이를 이용해 끊임없이 미래를 예상하는 것입니다. 각 음은 앞서 나온 음의 기억을 바탕으로 의미를 얻고, 다음에 나올 음에 대한 기대를 생성합니다. 이 기대는 청취자의 이전 경험들을 기반으로 합니다. 음악은 이러한 기대들을 충족하고 배반하는 무한 게임이며, 이 모든 것은 순수한 감정입니다. 인생과 마찬가지죠.

에릭 바타글리아 네, 음악은 끊임없는 진동입니다. 규칙과 관례를 따를 수도 있고, 그것을 극복하거나 무효화할 수도 있습니다. 음악은 그 사이에서, 그리고 확인과 놀라움과 실망 사이에서 끊임없이 진동합니다. 그 진동의 정도에 따라, 우리는 음악을 사랑하는 것을 넘어 진정으로 이해할 수 있습니다.

카를로 로벨리 음악을 이해하면 뇌는 그것을 학습합니다. 해석의 코드들 자체도 집단적으로나 개별적으로 천천히 계속 진화합니다.

에릭 바타글리아 많은 사람이 '형언할 수 없음'이라는 신비롭고 불가사의한 논리적 모순어법에 의지합니다. 말을 사용하며, 그 말이 가지는 모든 언어적 의미로 자기를 부정하는 것이죠. 위대한 음악일수록(우리의 경우 '베네딕투스') 더 보편적인 방식으로 자신을 표현합니다. 이는 음악이 복잡성을 포기한다는 의미가 아니라 그것을 초월한다는 의미입니다.

그렇게 함으로써 음악을 볼 수 있는 귀가 없더라도, 음악을 들을 수 있는 눈이 있는 사람들에게, 음악을 이해하고 정서적으로 즐길 수 있는 길을 열어줍니다. 이러한 인식을 가지고 '베네딕투스'를 시간의 원천과 연결시킨 사람들 덕분에 이 악보가 탄생했습니다. 베토벤은 '장엄미사곡'의 헌사에 "마음으로부터 - 다시 마음으로 가기를!"이라고 썼습니다. 그 소망은 오늘날에도 여전히 유효합니다.

카를로 로벨리 그게 사실이라면, 음악가의 눈이 오선지를 보는 것만으로 이 모든 것을 촉발시키기에 충분하다고 해도 놀랍지 않습니다(유치원 아이가 첫 단어를 읽듯 오선지를 읽는 저에게는 그렇지 않겠지만요). 같은 미 샤프가 다른 맥락에서는 다른 무엇이 될 수 있다는 것도 이해가 됩니다.

멋진 음악 작품에서 0.5초의 침묵은 우리를 숨죽이게 만들 수 있습니다. 우리가 듣는 침묵이 다른 곳에서 그저 지루하기만 한 침묵과 똑같은 것이라고 해도요. 사물은 고립되어 고유의 속성을 가진 것이 아닙니다. 사물은 관계의 구조입니다.

원자들도 마찬가지죠. 원자들도 나름대로 음악과 같습니다. 그 자체로 결정되는 것이 아니라, 세상의 다른 부분에 자신을 나타내는 방식에 따라 결정됩니다. 음악의 관계성은 음악에서만 나타나는 이상한 특유의 성질이 아닙니다. 그것은 근본적으로 세계가 돌아가는 방식이라고 생각합니다.

에릭 바타글리아 베토벤에 대해 몇 말씀만 더 드리겠습니다. 저는 요즘 '베네딕투스'를 여러 번 들었습니다.

당신은《시간은 흐르지 않는다》를 그 곡으로 마무리했죠.[7] 종교적 시각을 보여주지 않는 고백적 형식을 사용하지만(저는 위대한 작곡가가 진정한 신자이기도 한 경우를 아직 발견하지 못했습니다. 그런 사람이 없었던 것 같습니다), 당신이 아인슈타인과 스피노자에 대해 말한 것처럼, 베토벤도 당신이 "시간의 원천"이라고 규정한 곳부터 박자에 상관없이 바이올린을 오선보의 심연에서 고독으로 내려오게 만드는 듯합니다.[8] 마치 자신의 예술이 축복한 땅의 정신으로 육화하려는 듯이, 시간의 유일한 정신이 되려는 듯이 말입니다.

---

7 "베토벤의 '장엄미사곡' 중 '베네딕투스'에서 바이올린 곡은 순수한 아름다움과 순수한 절망, 순수한 행복을 표현한다. 그 곡 속에서 숨을 가다듬으며 가만히 멈춰 있으면, 신비로운 감각의 원천을 느낄 수 있다. 시간의 원천도 바로 이것이다."(《시간은 흐르지 않는다》, 216쪽.)

8 '베네딕투스'의 바이올린 독주는 오케스트라 반주의 바이올린 협주곡 스타일이다. 한편으로는 미사곡에 맞지 않게 극적이고 비종교적인 요소를 포함시켰다는 비판을 받기도 하고, 다른 한편으로는 베토벤이 음악 자체를 종교로 삼아 내면의 종교적 감정을 표현하기 위해 바이올린 독주 파트를 작곡한 것이라고 평가되기도 한다.

베토벤은 화성의 기본음들을 가지고 숭고한 질서 속에서 이 일을 합니다. 심지어 "주의 이름으로in nomine domini"라는 가사가 나오며 질서가 무너지는 듯한 순간에도, 그는 회피적이고 기만적인 카덴차[9]를 피합니다. 그리고 아주 평범하지만 파격적인 방식으로 사용된 웅장한 화음으로 진행합니다.

저는 '장엄미사곡' 전체가 관찰 가능한 우주와 관찰 불가능한 우주에 대한 일종의 거대한 알레고리라고 생각해요. 제2 라그랑주점의 망원경이 아니라 베토벤의 정신의 눈으로 본 우주죠. 제가 그렇게 생각하는 것은 '베네딕투스'가 가지는 "시간의 원천"이라는 이미지 때문입니다.

그것은 음악에 대한 또 다른 시각을 저에게 열어줬습니다. 시간이 더 이상 표준적 리듬의 대상이 아니게 된 것입니다. 경험적이고 측정 가능한 흐름과 일치하지 않게 된 것입니다. 베토벤은 정말 다른 시각으로 시공간을 시뮬레이션하고 왜곡하는 것 같습니다. 어쩌면 내이內耳의 보상 능력과 연결될지도 모르겠습니다.

---

9 악곡을 끝내는 화음들의 결합.

카를로 로벨리 혹은 우리 내계內界의 능력일지도요. 그 세계에서 공간과 시간은 우리의 경험 축적에서 시작됩니다. 그 경험을 조직하는 구축물이 공간과 시간인 것입니다. 우리는 커다란 원 안에 살고 있습니다. 즉, 우리는 세계의 일부입니다. 그 세계에서 우리가 아는 것이라고는 우리에게 단편적으로 비친 것들뿐입니다. 그로부터 나머지 세계에 대해 우리가 얻을 수 있는 최선의 이미지를 구축하는 것이죠.

원을 닫는 것을 잊으면 정반대의 오류에 빠지게 됩니다. 세계는 우리 안에 비친 것뿐이라고 생각하거나, 우리의 생각이 외부 세계의 정확한 거울이라고 생각하는 것이죠. 우리가 경험하는 시간은 우리를 둘러싼 세계에서 일어나는 사건들의 지형 위에 구축된 풍부한 장식물입니다. 그것은 새로운 기억, 역사책으로 인해 그리고 '장엄미사곡'을 들음으로써 재조정됩니다.

에릭 바타글리아 당신에게 뺏은 시간을 갚고자 '베네딕투스' 초판의 첫 페이지를 보내드립니다. 당신이 "시간의 원천"이라고 규정한 곳부터 (결코 혼자가 아닌) 바이올린이 내려오기 시작하는 부분이죠.

카를로 로벨리 보내준 이미지는 제가 평소 글을 쓸 때 사용하는 노트북의 배경 화면으로 설정해뒀습니다. 지금도 그 노트북으로 답장을 쓰고 있습니다. 감사합니다.

천하, 하나의 하늘 아래

<코리에레델라세라>의 <라레투라>, 2022년 9월 4일.

주周 왕조는 중국을 가장 오래 통치한 나라로 매우 넓은 영토를 차지하고 있었습니다. 그 통치는 기원전 11세기부터 3세기까지, 거의 8세기 동안 지속되었습니다. 그 영토는 오늘날 중국의 많은 지역에 걸쳐 있었죠. 그러나 주나라는 특별히 강력하거나 부유하지 않았습니다. 반란을 일으켜 이전 왕조를 전복한 동맹을 이끌어 권력을 잡았고, 동맹 유지와 균형 관리 체계를 통해 정권을 유지했습니다.

아시아에서 가장 오래 지속되고 영향력 있는 정치

신조 중 하나는 주 왕조까지 거슬러 올라갑니다. 그것은 바로 '천명天命'이라는 개념입니다. 주나라 이전 왕조들은 유럽의 많은 통치자처럼 신수 왕권이나 정복권을 통해 나라를 다스렸습니다. 반면에 주 왕조는 민족들 사이의 조화를 기대하며 천명에 따른 통치권을 주장했습니다. 이는 왕조의 통치권이 피지배자의 안녕과 판단에 종속된다는 것을 의미했습니다.

특히 흥미로운 점은 천명이 특정 지역에 국한된 것이 아니라 '하늘 아래' 모든 것과 관련되어 있었다는 사실입니다. 한자어 '천하天下'를 글자 그대로 옮기면 '하늘 아래'이지만, '하나의 하늘 아래'라고 옮기는 것이 더 좋을 것 같습니다. 이 표현에는 정치란 배타적이기보다 포용적일 수 있어야 한다는 생각이 담겨 있습니다.

천명은 대립보다 조화에 관심을 기울이는 정치 신조였습니다. 천명을 받은 황제의 책임은 외적과 대립하는 국경 지역에 경계를 강화하는 것이 아니라, 모든 민족과의 조화, 적어도 타협을 위해 노력하는 것에 있었습니다. 알렉산더대왕에서 칭기즈칸, 합스부르크 왕가에서 미국에 이르기까지 세계의 많은 대제국이 그랬듯이, 주나라에서도 커다란 문화적 다양성이 여러 당파 위에 존재하는 질서와 양립할 수 있는 것으로 여겨졌습니다.

여러 세기가 지나, 주 왕조는 점차 쇠퇴해갔습니다. 봉건 체제가 서서히 해체되면서 격동의 시기로 접어들었죠. 하지만 이 시기는 놀라운 문화적 풍요로움의 시기이기도 했습니다. 《장자》《공자》《묵자》《노자》《맹자》 등 중국 사상의 위대한 책들이 이 시기에서 비롯되었습니다.

2005년, 중국의 가장 영향력 있는 정치철학자 중 하나인 자오팅양趙汀陽은 《천하체계天下体系》(2005년)[1]를 출간해 중국과 서구에서 활발한 관심과 토론을 불러일으켰습니다. 자오팅양은 주나라의 천하 개념에서 영감을 얻어 오늘날 국제정치를 재고하기 위한 좌표를 제안합니다.

《천하체계》는 정치가 개별 국가 내의 공존 문제는 어느 정도 잘 해결해왔지만, 국가들 간의 공존 문제는 해결하지 못했다는 보고로 시작합니다. 국제정치는 혼

1 국역본: 자오팅양, 《천하체계》, 노승현 옮김, 길, 2010년.

돈이자, 나쁜 의미에서 무정부 상태라는 것입니다. 오직 힘의 법칙이 지배하는, 전쟁과 학살, 긴장의 연속인 것이죠.

유엔과 같은 기관은 설립 의도는 좋지만 무력합니다. 가지각색의 강자들은 집단적 결정을 존중하지 않습니다. 정치가 함께 살아가는 기술이라면, 국제정치는 아직 탄생하지도 않은 것 같습니다.

주권이 개별 국가에만 속해야 한다는 생각은 30년 전쟁을 종식한 베스트팔렌조약까지 거슬러 올라가고, 유엔헌장에도 명시된 국제법의 원칙입니다. 자오팅양은 이런 전통적 원칙은 우리를 안정적 세계로 이끌지 못한다고 주장합니다.

새로운 정치적 주체를 구상할 필요가 있습니다. 바로 인류 전체입니다. 배제가 아니라 포용의 관점에서 국제정치를 재고하고, 지금 같은 영구적 분쟁이 아닌 협력이 더 나은 결과를 가져온다는 사실을 깨달아야 합니다.

또한《천하체계》는 게임이론의 이론적 토대에 예리하고 깊이 있는 분석을 제시합니다. 게임이론은 상호작용하는 행위자들의 선택에서 합리적 행동을 모델링

하는 데 사용되는 수학적 이론이죠. 게임이론의 가장 기본적인 발상은 "개인 이익의 최대화가 '합리적' 행위자의 목표"라는 것입니다. 이는 근본적 모순을 드러냅니다.

실제 행위자들은 그 자체가 내적이고 외적인 협력 네트워크의 산물입니다. 따라서 '단기적 개인 이익의 극대화'가 아닌 '장기적이고 진화적인 이해관계'를 목표로 하는 것이죠. 간단히 말해, 단기적 이익을 위해 협동보다 대결을 선호하는 것은 이성적 관점에서 볼 때 근시안적이라는 것입니다.

하지만 오늘날 국제정치는 이러한 근시안적 논리에 따라 움직이고 있습니다. 자오팅양이 유교의 영향을 받아 제안한 천하 사상은 세계를 변화시키기 위해 행동하는 것입니다. 문화적으로 다양하면서도 문명화된 인류가 '협동의 이상'으로, '통일된 하나의 공간'으로 나아가도록 하는 것입니다.

자오팅양은 주나라의 현실을 미화하고 신화화하며, 서양의 이데올로기적 지배와 도덕적 우월성 주장을 동양의 그것으로 대체하려 한다는 비난을 받아왔습니다. 그러나 이런 비판은 지배의 논리에 빠지는 것입니다.

오늘날 세계의 문제는 문명이라는 교류의 무한 게임에서 누가 더 큰 영향력을 가질지가 아닙니다.

지금 세계의 문제는 21세기가 20세기와 같은 재앙을 겪는 것을 어떻게 막을지입니다. 두 차례의 끔찍한 세계대전으로 1억 명이 사망하고 지구가 황폐해졌던 그 재앙을 말입니다. 발사 준비가 된 무분별한 핵무기가 이탈리아에도 있고, 그 무기를 이탈리아조차 통제할 수 없는 상황입니다. 다가오는 재앙의 문제는 오늘날 더욱 극적으로 변하고 있습니다.

세계의 문제는 군사적·이념적·정치적으로 누가 이길지가 아닙니다. 세계의 문제는 '누가 이길 것인가' 하는 게임을 '공동의 이익을 위해 어떻게 협력할 것인가' 하는 게임으로 바꾸는 것입니다. 전쟁에서 이기는 방법이 아니라 전쟁을 피하는 방법이 문제인 것입니다.

이 문제의 시급함은 중국과 관련해 큰 관심을 받은 또 다른 책에서도 강조되고 있습니다. 이 책은 의심의 여지 없이 서구에 충실한 인물이 저술한 책입니다. 전 호주 총리 케빈 러드Kevin Rudd가 저술한 책이죠. 러드는 중국에 대해 해박한 지식을 가지고 있습니다. 오랫동안 베이징 주재 대사를 역임해 중국어를 유창하게 구사하며 중국 지도층에 대해서도 잘 알고 있습니다.

러드의 책은 중국 정치, 공산당, 특히 시진핑의 사상과 목표에 대해 심도 있고 폭넓게 분석합니다. 책 제목은 호주 정치인이 바라본 중국과 미국의 상황을 요약하고 있죠.《피할 수 있는 전쟁: 시진핑의 중국과 미국 사이의 파국적 충돌의 위험Avoidable War: the dangers of a catastrophic conflict between the United States and Xi Jinping's China》(2022년)입니다.

《피할 수 있는 전쟁》에 담긴 생각은 이렇습니다. 우리는 자연스레 파국적 충돌을 향해 나아가고 있으며, 그것을 피할 수 있는 유일한 방법은 서구 정치의 급격한 전환이라는 것입니다. 이는 세계적으로 큰 반향을 일으킨 또 다른 책의 논지이기도 합니다. 미국 정치학자 그레이엄 앨리슨Graham Allison이 집필한《예정된 전쟁Destined for war》(2017년)[2]의 논지죠.

그리스 역사가 투키디데스는 스파르타와 아테네가

---

2 국역본: 그레이엄 앨리슨,《예정된 전쟁》, 정혜윤 옮김, 세종서적, 2018년.

벌인 펠로폰네소스전쟁이 거의 피할 수 없는 전쟁이었다고 말했습니다.[3] 새로운 경제 강국(아테네와 중국)이 성장하고 기존에 지배적이던 군사 강국(스파르타와 미국)의 경제적 비중이 감소하면, 두 나라는 필연적으로 충돌할 수밖에 없습니다. 전자는 더 이상 지배당하는 것에 만족하지 않고, 후자는 지배당하지 않으려는 나라를 용납하지 않기 때문입니다. 이러한 상황에서 모두가 대가를 치르는 충돌을 피하려면 큰 지혜와 선견지명이 필요합니다.

중국은 미국에 비해 아직 군사력이 열세에 있기 때문에 충돌을 두려워하고 있습니다. 그리고 중국보다는 덜하지만 미국도 충돌을 두려워하고 있습니다. 지역적 강대국이었던 중국이 글로벌 강대국이 되어, 전 세계 우위에 있는 미국의 군사적 지배력에 도전하지 않을까 염려하는 것이죠.

---

3 "아테네의 세력 신장이 스파르타에 공포감을 일으킴으로써 전쟁을 불가피하게 만든 것이다." 이 구절에서 '투키디데스의 함정'이라는 개념이 기원했는데, 이는 신흥 강대국의 부상이 기존 강대국에 위협이 되면 결국 전쟁으로 이어질 수 있다는 국제 관계의 역학을 설명한다.

1913년에는 전 세계 상품생산의 80퍼센트 이상이 유럽과 미국에 집중되어 있었습니다. 서구의 경제적 세계 지배는 절대적이었죠. 하지만 오늘날 서구의 상품생산량은 세계 총생산량의 절반 이하로 줄어들었습니다. 이제 서구의 지배력은 경제가 아닌 무기에 바탕을 두고 있습니다.

그리고 또 다른 기반이 되는 이데올로기적 선전은, 서구의 일부 사람들에게는 여전히 설득력 있게 들릴지 모르겠지만, 지구의 나머지 사람들에게는 더 이상 설득력이 없습니다.

미래는 중요한 역사적 선택의 기로에 있는 것 같습니다. 서구는 지배력을 유지하고 특권을 계속 확대하기 위해 지옥문을 열 준비를 할지, 아니면 경쟁과 양극화, 전략적 적대, 적대국 봉쇄, 사악한 독재, 탈동조화 대신 협력의 관점에서 지구를 다시 생각할지 결정해야 합니다.

미 제국도 부분적 천하, 즉 동맹 체계에 기반을 두고 있으며 이탈리아도 그 일부입니다. 저는 동맹국의 호전적 모험주의에 끌려가기를 거부하고 대결이 아닌 협력의 국제정치 토대를 마련하는 데 일조하는 것이 우리 같은 위성 국가들의 책임이라고 생각합니다. 모두가 '하나의 하늘 아래'의 인류라는, 새로운 정치적 주체를 중심에 두는 정치를 추구하는 것, 이것이 전 세계 사람들이 원하는 것이라고 믿습니다.

우리 대 저들

<코리에레델라세라>, 2022년 3월 15일.

가까운 곳에서 벌어지는 전쟁은 우리에게 격한 감정을 불러일으킵니다. 가슴이 먹먹해집니다. 이 공포를, 전쟁이라는 무의미한 고통을 어떻게 멈출 수 있을까요? 연대감도 생기고, 우리의 안전이 취약하다는 불안감도 듭니다. 감정과 이성을 분리하는 것은 어렵습니다. 감정에 휩쓸리면 실수를 저지르기 쉽지만, 집단적 의사결정을 내리는 사람들은 공통의 열정에 부응해야 하기도 합니다.

많은 사람이 즉각적 대립 완화, 조건 없는 협상, 상호

양보를 촉구합니다. 안토니우 구테흐스António Guterres 유엔 사무총장부터, 러시아 규탄 유엔 결의안을 지지하지 않기로 한 국가들까지 이에 동참했습니다. 30억 명 이상의 인구를 대표하는 30개 이상의 국가가 동참한 것입니다.

프란치스코 교황, 달라이 라마, 파비오 미니Fabio Mini와 같은 군 출신 장군들, 다양한 배경의 지식인들, 좌파 노동조합과 가톨릭 평화운동 단체 팍스 크리스티 인터내셔널Pax Christi International, 다양한 정치적 색깔의 목소리들, 이탈리아 평화 군축 네트워크Rete italiana pace e disarmo나 국제 구호단체 이머전시와 같이 수년간 전쟁에 반대해온 단체들까지 모두 동참했습니다.

다른 한편으로는 이런 반응도 있었습니다. (저를 포함해) 우리 대부분이 혐오하는 정치체제를 가진 국가가, 잔해밖에 남지 않은 한 국가를 노골적으로 침략했다는 것입니다. 후자의 국가가 유럽과 더 가까워지려고 했다는 이유로요.[1] 어느 쪽이 잘못했는지는 분명해 보입니다. 그런데 대부분이 이 사실, 잘잘못을 가리는 책임

---

1 전자의 국가는 러시아, 후자의 국가는 우크라이나를 가리킨다.

소재에만 집중하는 것 같습니다. 그리하여 침략자를 비난하고, 공격받은 국가를 '무력'으로 방어하자는 반응만 쏟아져 나오는 듯 보입니다.

이러한 본능적 반응은 '우리 대 저들'이라는 집단정신에 양분을 제공합니다. 이 양분을 먹고 호전성이 자라납니다. 이것이 전쟁의 논리입니다. 적의 사악함(실제로 행동으로 옮긴)에 초점을 맞추고 나머지(가령 우리 자신)의 사악함은 무시합니다. 그리고 적을 악마화하고 대립을 고조시킵니다. 그렇게 정의의 편에 서 있다는 기분이 되어 '그러니까 싸워야 한다, 죽여야 한다'라는 주장을 펼치는 것입니다.

이 논리는 최근 심각한 모욕을 당했으니 크게 한판 싸움을 벌여야 마땅하다는 갱단의 논리와 같습니다. 이는 양쪽 모두 자신이 피해자라고 (종종 정당하게) 확신하는 개인들 간 분쟁의 논리이기도 합니다. 그 어떤 타협도 악에 굴복하는 것으로 인식됩니다. 회의적 목소리는 적을 편드는 것으로 치부됩니다. 이러한 경향은 오늘날 미국에 만연해 있으며 유럽에서도 나타나고 있는 것 같습니다. 이는 후회를 가져올 잘못이라고 생각합니다. 특히 유럽에서는 더 그렇습니다. 여러 가지 이유 때문입니다.

첫 번째 이유는 적대 행위의 중단보다 분쟁을 더 중요시하면 인간의 고통이 증가하기 때문입니다. 무기를 보내면 전쟁의 고통, 사망자 수, 파괴의 양이 줄어든다고 정말로 생각하는 사람이 있을까요? 우리는 "죽을 때까지 싸우겠다"라는 우크라이나 청년들의 말을 들었습니다. 저는 그들의 편에 서고 싶지 않습니다.

저는 전쟁을 이해하고자 엘사 모란테Elsa Morante의 장편소설 《역사La Storia》(1974년)를 다시 읽었습니다. "죽을 때까지 싸우겠다"라는 사람들이 있고, 전쟁을 원하지 않는 이두차[2]의 고통받는 군중이 있습니다. 저는 후자의 편에 더 가깝게 느껴집니다. 우크라이나에 무기를 보내는 것은 강대국들의 게임에 빠져드는 것으로 보입니다. 약소국들을 무장시켜 다른 강대국들을 상대로 대리전쟁을 벌이는 것입니다.

지금의 반응이 잘못되었다고 생각하는 두 번째 이유는 21세기를 20세기보다 더 나쁘게 만들 위험이 있는

2 《역사》의 중심인물로, 로마의 초등학교 교사인 이다 라문도의 별칭.

논리로 빠져들 수 있기 때문입니다. '착한 편' 대 '위험한 나쁜 편' 또는 '선한 민주주의 국가' 대 '악한 독재국가' 즉, 러시아와 중국. 이렇게 마니교[3]적으로 나뉜 세계에서는 무기로 지배력을 행사하는 것만이 유일한 구원입니다. 이는 파국으로 향하는 세계입니다.

유엔 사무총장을 비롯해 많은 사람이 거듭 주장하듯, 이 문제에 대한 대안은 이념적 다양성을 받아들이고 국제법 준수와 외교적 해결을 위해 노력하는 것입니다. 다른 나라가 우리와 다른 이념을 가지고 있다는 사실을 두려워하지 않고 받아들이는 것입니다. 공포는 최악의 조언자입니다. 공포는 침략의 뿌리입니다.

나치 독일의 지도자였던 아돌프 히틀러의《나의 투쟁Mein Kampf》(1927년)[4]을 읽어보세요. 이 책은 인간이 타인을 두려워해야 한다는 사실에 기초합니다. 호전성에서 벗어나는 첫 걸음은 (군사적으로나 경제적으로 훨씬 강한) 우리가 공포의 논리를 벗어나는 것입니다.

---

3 메소포타미아의 예언자 마니Mani가 창시한 종교. 선은 광명이고 악은 암흑이라는 이원설을 제창했다.

4 국역본: 아돌프 히틀러,《나의 투쟁》, 황성모 옮김, 동서문화사, 2014년.

러시아의 지배 엘리트들은 우크라이나에 북대서양조약기구NATO(이하 나토)[5]의 핵미사일이 배치된다는 구상에 겁먹었습니다. 이것이 이상하게 느껴지나요? 쿠바 미사일을 피하기 위해 미국은 핵전쟁을 감수할 준비가 되어 있었습니다. 크렘린[6]도 똑같이 하고 있다는 것은 이해할 수 없는 일이 아닙니다.

전 미국 대통령 존 F. 케네디와 소련공산당 서기장 니키타 흐루쇼프Nikita Khrushchyov의 해결책은 튀르키예에서 미국 미사일을 철수하는 대가로 소련이 쿠바 미사일 배치를 포기하는 것이었습니다. 지금보다 더 이념적으로 양극화된 상황에서도 외교적 합의가 이뤄졌습니다. 양측 모두 한발 물러선 것이죠. 이것이 바로 평화로 가는 길입니다. 우리라고 왜 그렇게 못하겠습니까?

---

5 북대서양조약에 의해 성립된 서유럽 집단 안전 보장 기구. 1949년 미국, 영국, 프랑스, 캐나다 등을 회원국으로 발족했으며, 후에 튀르키예, 그리스, 서독이 참가했다. 1966년 프랑스의 탈퇴로 본부를 파리에서 브뤼셀로 이전했다.

6 러시아 대통령의 공식 관저이자 정부 청사로, 러시아 최고 지도부를 지칭하는 은유적 표현으로도 쓰인다.

지구의 절반이 러시아를 비난하지 않았습니다. 제 생각에 그 이유는 분명합니다. 많은 사람이 보기에도 키이우 폭격은 끔찍했지만, 베오그라드, 트리폴리, 바그다드, 칸다하르에 대한 나토의 폭격도 끔찍했기 때문입니다. 이는 모두 아무도 공격하지 않은 국가들을 폭격한, 국제법에 반하는 일이었죠.

오늘도 예멘에 이탈리아산 폭탄이 떨어지고 있다는 것은 끔찍한 사실입니다. 서방이 불법적으로 일으킨 아프간전쟁과 마찬가지로, 이 전쟁은 우크라이나보다 많은 사망자와 난민을, 그리고 파괴와 고통을 초래하고 있습니다.

우크라이나의 전쟁은 지금 시작된 것이 아닙니다. 거의 10년간 내전이 이어져왔습니다. 서방은 군사비를 지원하고 있었습니다(볼로디미르 젤렌스키에 대한 4억 달러의 군사원조 문제가 트럼프 탄핵과 관련되었던 것을 기억하나요?). 작년에 나토가 흑해의 러시아 기지 앞에서 군사훈련을 실시한 것은 긴장 완화를 촉진하기 위해서였을까요?

물론 이 모든 사실도 러시아가 저지른 폭력에 대한 변명거리가 되지는 않습니다. 그러나 우리가 현실을 이해하는 데는 도움이 됩니다. 우리는 가까운 곳의 전쟁에 동요하고 있습니다. 전쟁이 우리에게 이로울 때는 안타깝지만 꼭 필요한 일로 여기고, 다른 나라가 전쟁을 일으킬 때는 끔찍한 일로 여긴다면, 우리는 평화를 돕지 않고 있는 것입니다.

저는 폭력을 조장해 폭력에 대응하는 논리에서 벗어나야 한다고 생각합니다. 케네디와 흐루쇼프가 그랬듯 대화와 정치로 타협점을 찾아야 합니다. 정말로 시급한 일은 학살을 멈추는 것입니다.

위선

<코리에레델라세라>, 2022년 7월 31일.•

요즘 동유럽에서 진행 중인 전쟁에 대해 보도하는 신문 기사나 텔레비전 뉴스를 보면 주류 담론과 너무 다르다는 느낌을 받습니다. 불안한 청소년기 이후로, 주변의 대중 담론에 이렇게까지 상처받고 불쾌감을 느낀 적은 없었던 것 같습니다.

왜 그런지 생각해봤습니다. 저는 제가 지내는 여러 나라의 정치적·이념적 선택에 자주 동의하지 않지만,

• '새로운 정치 주체, 인류'라는 제목으로 게재된 글의 전문이다.

그것은 정상적인 일입니다. 사람들은 다양하고, 세상에 대해 다른 해석과 의견을 지니니까요. 저는 제가 상대적으로 평화주의자라고 생각하지만 그마저도 확신할 수 있을까요? 저도 다른 사람들처럼 의구심을 가집니다. 그렇다면 왜 저는 모든 신문과 텔레비전에서 끊임없이 들려오는 전쟁 이야기가 그렇게 불편하고 두렵게 느껴지는 것일까요?

오늘 저는 그것을 이해했습니다. 청소년기로 돌아가 생각해보니 제대로 이해가 되었습니다. 여러 해 전 더 많은 나라의 청소년들이 불의한 상황에 반기를 들기 시작했던 때로 돌아간 것입니다. 당시 그러한 변화의 추동력은 무엇이었을까요? 사회적 불의, 베트남인들처럼 네이팜탄[1]에 학살당한 사람들, 순응주의, 편견, 대학과 학교의 권위주의 등 반세기 전 청소년들에게 상처를 입히고 당시 수많은 젊은이의 반항을 촉발한 것은 더 단순하고 즉각적이며 본능적인 것이었습니다. 바로 어른 세계의 위선이었습니다.

---

1 네이팜에 휘발유 따위를 섞어 가연성을 높인 폭탄으로, 투하 시 공중에서 터지며 불바다를 이룬다.

젊음의 투명함은 과시적 이상이 회칠한 무덤이라는 것을 본능적으로 알아차렸습니다. 고귀한 가치들의 공언은 편협한 이기심을 덮기 위한 것이었습니다. 과시적 도덕주의, 학교의 젠체하는 거만함, 기관의 권위 주장은 특권과 착취와 천박함을 감추려는 것이었습니다. 이는 소년 소녀의 맑은 눈으로 보기에 참을 수 없는 일이었습니다.

그로부터 많은 세월이 흘렀습니다. 세상은 그때보다 훨씬 복잡하고, 해독하거나 판단하기 어려워 보입니다. 세상 모든 것이 깨끗하고 정직할 수 있다는 환상은 저에게서 오래전에 사라졌지만, 지난 한 해 동안 서구가 보인 위선의 폭발은 비길 데가 없습니다.

갑자기 서구는 자신이 가치의 소유자, 자유의 보루, 약자의 보호자, 합법성의 보증인, 인간 생명의 신성함의 수호자, 평화와 정의의 세계에 대한 유일한 희망이라는 노래를 일제히 합창하기 시작했습니다. 서구가 얼마나 선하고 정의로운지, 독재국가가 얼마나 악한지 노래하는 이 찬가는 모든 신문 기사, 텔레비전 뉴스 해설, 그리고 사설에서 끝없이 울려 퍼지고 있습니다.

러시아 대통령 블라디미르 푸틴의 악행은 끝없이 지

적되고 부각되며, 거듭해 비난과 규탄을 받습니다. 우크라이나에 떨어지는 모든 폭탄은 러시아가 얼마나 악하고, 우리는 얼마나 선한지 되풀이해 말해줍니다.

저도 기꺼이 이 합창에 동참할 것입니다. 군사 강국이 사소한 구실로 주권국가를 공격한 사실을 우리가 비난할 때마다(비난할 만한 일입니다) 서방이 이렇게 덧붙인다면 말이죠. "우리 서방은 아프가니스탄, 이라크, 리비아, 시리아, 예멘, 세르비아, 파나마, 도미니카, 니카라과, 베트남, 한국, 러시아, 그레나다, 쿠바, 중국 및 기타 많은 국가에서 했던 것과 같은 일을 앞으로 다시는 하지 않기로 맹세한다. 우리는 어제까지도 그런 일을 했다. 러시아가 그런 일을 하고 있는 지금, 우리는 그 일이 얼마나 고통스러운지 깨닫고 있으며, 다시는 그런 일을 하지 않겠다고 다짐한다."

저도 기꺼이 합창에 동참할 것입니다. 국경이 존중되지 않는다는 사실을 우리가 비난할 때마다(매우 비난할 만한 일이죠) 서방이 이렇게 덧붙인다면 말입니다. "우리 서방이 슬로베니아와 크로아티아의 독립을 돌연 인정하고 유럽의 국경을 바꿨을 때, 피비린내 나는 내전이 촉발되었다. 앞으로는 그때와 같은 일을 결코 벌이지 않을 것이다."[2]

저도 기꺼이 합창에 동참할 것입니다. 키이우가 돈바스에서 폭력을 사용한 이유로, 모스크바가 키이우를 폭격해 무고한 민간인들을 살해한 사실을 우리가 비난할 때마다(정말로 비난할 만한 일입니다) 서방이 이렇게 덧붙인다면 말입니다. "우리 서방은 베오그라드가 코소보에서 폭력을 사용한 이유로, 베오그라드를 폭격해 수천 명의 여성과 어린이를 살해했다. 그때와 같은 일을 다시는 하지 않겠다고 서약한다."

저도 기꺼이 합창에 동참할 것입니다. 키이우 정권이 러시아에 반항했다는 이유로, 러시아가 키이우의 정권 교체를 시도한 사실을 우리가 비난할 때마다(매우 비난할 만한 일입니다) 서방이 이렇게 덧붙인다면 말이죠. "우리 서방은 리비아를 폭격했고, 이라크를 침공했다. 그리고 서방의 이익에 불리한 정부를 수립한 이유로

2 이 문장은 역사적 사실을 다소 단순화하고 있다. 유고슬라비아 내전은 서방의 인정 이전에 여러 정치적 요인으로 이미 진행 중이었다. 또한 연방 해체는 공화국들의 경계에 따라 이뤄져 "유럽의 국경을 바꿨다"라고 표현하기에 무리가 있으나, 유럽 지도상에 시각적으로 큰 변화를 일으켜 이와 같이 표현한 듯하다.

중동에서 남미에 이르기까지 전 세계의 합법적 정부를 흔들어놓았다. 알제리, 칠레, 이집트, 팔레스타인에서처럼 민주적으로 선출된 정부를 전복시켰다. 계속되는 학살로 예멘 내전 사망자가 지금까지 우크라이나 사망자의 10배에 달하는데도, 사우디아라비아와 같은 독재 정권을 지지하는 일을 결코 반복하지 않겠다."

저는 가여운 우크라이나 사람들을 위한 합창에도 기꺼이 동참할 것입니다. 예멘인, 시리아인, 아프가니스탄인 등 피부색이 조금 다른 사람들을 모두 죽게 내버려두기보다 이 합창에 동참하기를 선택하겠습니다. 이것이 그들을 위한 합창이기도 하다면요.

아니면 서방으로부터 그저 이런 말을 들을 수도 있겠죠. "우리가 가장 강하다. 우리는 무력으로 세계를 지배하고 싶다. 우리의 부와 특권을 지키기 위해 세계를 지배할 것이다." 저는 동의하지 않겠지만 그렇게 역겨워하지도 않을 것입니다. 그것이 적나라한 진실이기 때문입니다. 적어도 위선은 없을 것입니다. 최소한 이것이 멀리 보는 선택인지, 갈등을 완화하고 협력을 모색하는 것이 더 멀리 보는 선택이 아닌지 논의할 수 있을 것입니다.

하지만 우리는 고삐 풀린 위선에 빠져 있습니다. 우리의 무도함은 가히 초현실주의와 같습니다. 신문은 중국과 러시아의 '제국주의적' 행태를 이야기합니다. 그러나 중국은 국제적으로 인정된 국경 바깥에 군인이 거의 없습니다. 러시아는 국경 밖 몇 킬로미터 이내에 병력을 두고 있습니다.

미국은 유럽에 군인 10만 명을 주둔시키고 있습니다. 중미, 남미, 아프리카, 아시아, 태평양, 일본, 한국 등 거의 전 세계 곳곳에 군사기지를 두고 있습니다. 우크라이나에는 설치를 시작하는 중이었습니다.

미국은 남중국해에 항공모함을 배치하고 있습니다. 누가 제국주의 정책을 가지고 있습니까? 중국 해안에서는 미국 군함이 보이지만 뉴욕에서는 중국 군함이 보이지 않습니다. 그런데 우리의 초현실주의 언론인들은 러시아와 중국의 제국주의 논리에 대해 이야기할 정도로 현실을 왜곡하고 있습니다!

우리에게는 원자폭탄 사용에 대한 공포가 있습니다. 그런데 실제로 원자폭탄을 사용한 것은 서구가 유일합니다. 사실상 전쟁에서 이미 승리를 거둔 상태였음에도 불구하고, 자신들의 무조건적 지배를 확립하고자 인류 역사상 가장 극단적인 폭력을 행사한 것입니다. 그 누구도 그렇게 한 적이 없습니다.

미국은 순수한 전쟁 억제와 국경 방어 이외의 이유로도 핵무기를 사용할 준비가 되어 있다고 공언하는 유일한 국가입니다. 미국은 (이탈리아를 포함해) 전 세계를 핵무기 기지로 채운 유일한 나라입니다. 중국이 호전적이라고들 이야기합니다. 그러나 서방은 지난 80년 동안 전 세계에서 전쟁을 벌여왔죠. 제국은 어느 쪽일까요?

미 국방부는 전 세계에서 드론으로 사망한 자들의 명단을 정기적으로 발표합니다. 무고한 많은 사람이 착오로 사망했다는 사실을 공개적으로 인정합니다.[3] 〈뉴욕타임스〉는 드론을 조종하는 가여운 미군 병사들이 종종 무고한 사람들을 죽여야 하는 가혹한 스트레스를 받지만, 그것을 견딜 수 있도록 충분한 심리적 지원을 받지 못한다고 비판하는 기사를 쓰기에 이릅니

---

3 2001년 9·11테러 이후, 미국은 테러에 적극 대응하기 위해 중앙정보국CIA 주도로 '비밀 드론 공격 작전'을 도입했다. 버락 오바마 전 대통령 시절 작전이 확대되었으며, 민간인 사망도 다수 발생한 것으로 보고되었다.

다. 세계의 주인 노릇을 하는 국가의 잘 빼입은 언론 기관이 보기에, 스캔들은 무고한 사람들이 죽임을 당하고 있다는 사실이 아니라, 그들을 죽이는 군인들이 적절한 심리적 지원을 받지 못하고 있다는 사정인 것입니다.

아시리아는 고대에 폭력적 제국으로 기억되었으나, 그들조차도 나머지 인류를 이토록 멸시하며 오만하게 굴지는 않았습니다. 그러나 우리 이탈리아 언론은 매주 전 세계에서 누군가 미국 드론에 의해 살해된다는 사실을 기꺼이 무시하고, 몇 년 전 런던에서 러시아에 의해 독살된 사람을 소환하며 분개합니다. "러시아인은 얼마나 끔찍한가!" 등등 하고 말하면서요.

러시아도 서방이 계속 저지르고 있는 끔찍한 일 중 하나를 저질렀습니다. 그러나 서방은 이라크와 아프가니스탄을 침공해 두 전쟁에서 수십만 명의 목숨을 앗아갔습니다. 이러한 서방이 러시아를 떳떳하게 비난할 수 있을까요?

러시아를 비난할 것이라면 서방은 먼저 약속해야 할 것입니다. 더 이상 다른 나라를 침략하지 않고, 전쟁을 일으키지 않고, 정부를 전복시키지 않고, 국가 원수를 암살하지 않고, 폭력으로 세계를 지배하지 않겠다고요. 그렇게 약속해준다면 저도 '사악한' 러시아를 규탄하는 합창에 동참하겠습니다.

터무니없는 소리가 들려왔습니다. 미국이 국제사법재판소ICJ에 호소한다는 것이었습니다.[4] 항상 국제사법재판소를 방해하고, 국제법에 따르고 싶지 않아 동참하기를 거부했으면서 말입니다. 1999년 나토가 코소보 사태[5] 대응을 명분으로 유엔의 승인 없이 불법적으로 유고슬라비아를 폭격했을 때, 미국이 유엔분담금 납부를 거부하며 유엔을 무력화하려고 온갖 일을 했을 때, 그들은 국제적 합법성을 들먹였습니다. 심지어 영국은 민족자결권을 주장했지만, 수 세기 동안 민족자결권을 짓밟고 여전히 식민지를 보유하고 있습니다.

저는 미국을 사랑합니다. 그곳에서 10년을 살았습니다. 저는 미국을 알고, 미국을 좋아합니다. 미국의 명암도 잘 압니다. 대학의 우수함, 경제의 활력, 흑인 빈민

4 2022년 2월 26일, 우크라이나는 '집단살해 방지 및 처벌에 관한 협약'을 근거로 러시아를 국제사법재판소에 제소했다. 그리고 미국을 포함한 18개국이 이 소송에 동참했다.

5 1990년대 후반 발칸반도에서 발생한 민족 간 무력 충돌.

가와 백인 빈민가의 비참함, 미국인 100명 중 1명이 수감되어 있는 교도소, 상상할 수 없는 거리의 폭력성까지요. 저는 제가 태어난 유럽도 사랑합니다. 저는 지난 세계대전의 참화에서 물려받은 관용과 신중함을 사랑했습니다. 국제 협력 강화라는 이상도요.

그러나 저는 세계의 이 부유하고 강력한 진영이 나머지 국가들에 대해 발작적 폭력을 저지름으로써 어떻게 자기 안에 갇히고 있는지를 보지 않을 수 없습니다. 저는 서구를 사랑하지만, 그것은 서구가 전 세계에 준 문화적 풍요 때문입니다. 노예제도로 세계를 지배하고 전 대륙을 유린해왔기 때문이 아닙니다. 과거 식민지 시대의 공포를 이어가는 이 고삐 풀린 폭력과 위선 때문이 아닙니다. 저는 중국과 인도 또한 사랑합니다. 그 비참함과 찬란함을 봐왔고, 지금도 보고 있습니다.

누가 더 나은지 논쟁하는 것은 어리석은 일입니다. 우리 모두가 똑같은 일을 해야 합니까? 모두 같은 생각을 해야 합니까? 모두 같은 정치체제에 따라 살아야 합니까? 왜 꼭 누군가 다른 사람을 이겨야만 합니까? 세상의 문제는 누가 이겨야 하는지, 누가 지휘해야 하는지, 모든 사람에게 어떤 정치체제를 부과해야 하는지가 아닙니다. 세상의 문제는 어떻게 함께 살고, 서로 관용하고, 존중하고, 협력하는 법을 배울지입니다. 각자 나름의 방식으로 성장하는 것입니다.

전 세계 인구는 수십억 명에 달합니다. 이들 대부분은 서구 이외의 지역에 살고 있습니다. 중국, 인도, 러시아, 브라질, 인도네시아, 그 밖의 남미, 아프리카, 아시아에 거주하고 있습니다. 인류의 대다수인 이들은 서방에 대한 공감을 점점 잃어가고 있습니다. 러시아 제재에 동참하지 않으며, 심지어 러시아가 명백히 비난받을 만한 상황에도 많은 나라가 러시아를 규탄하는 유엔 투표를 거부했습니다.

그 나라들이 악하거나 폭력을 좋아하거나 사악한 동기를 가지고 있기 때문이 아닙니다. 그저 세계를 군대로 가득 채우고 서슴없이 학살을 저지르면서, 다른 국가가 나쁘게 행동하면 깨끗한 척하는 서구의 위선을 보고 있기 때문입니다.

전 세계의 대다수는 지구온난화, 팬데믹, 빈곤 등 인류 공통의 문제를 함께 대처하고 결정을 내리기를 원합니다. 유엔이 더 큰 역할을 하기를 원합니다. 그러나 서방은 이러한 협력을 가로막고 있습니다. 자기들 쪽에 무기가 있고 힘이 있으니, 모든 사람에게 명령하고 지시할 권리가 있다고 생각하기 때문입니다. 미국 대통령은 세계가 미국의 지도력 아래에 있다고 자랑스럽게 이야기합니다.

서방은 중국의 경제적 성장을 불안해합니다. 그래서 중국을 자극하고, 도발하고, 온갖 잘못을 비난합니다(잘못이 있기는 하지만 "죄 없는 자가 먼저 돌로 치라"라는 말이 있죠). 서방은 중국이 너무 커지기 전에 군사적으로 굴욕을 주려 하는 것 같습니다. 서구의 지배층은 우리를 제3차세계대전으로 몰아가고 있습니다.

서방이 유고슬라비아에 했던 방식으로 우크라이나의 문제를 해결할 수도 있을 것입니다. 군사개입으로 장기화된 내전이 나라의 분할로 끝나는 것입니다. 그러나 서방이 원하는 것은 해결이 아니라 러시아에 타격을 주는 것입니다. 또 같은 일을 되풀이하는 것이죠.

텔레비전에는 회의에 참가한 서방 지도자들의 행복한 얼굴이 연이어 등장합니다. 그들은 항공모함, 원자폭탄, 수조 달러의 무수히 많은 무기로 세계의 문제를 해결할 수 있다며 만족합니다. 하지만 그것들은 오히려 폭력적 세계 지배를 강화하는 데 사용됩니다.

그리고 이 모든 것에는 아름다운 단어들이 덧칠되어 있습니다. 민주주의, 자유, 국가 간의 존중, 평화, 국제적 합법성과 법에 대한 존중 등. 그 뒤에서 언론과 논설위원들이 좀비처럼 그 말을 그대로 되풀이합니다. 그야말로 회칠한 무덤입니다. 지난 수십 년 동안 우리가 떨어뜨린 폭탄에 찢겨나간 수백만 명의 핏자국 위에. 히로시마에서 카불까지, 그리고 또 계속해서.

아프가니스탄의 나머지 사람들

2021년 8월 25일.•

미국과 그 동맹국에 대한 탈레반의 승리는 패자에게 쓰라림을 주고 있습니다. 서방이 패배에서 느낀 감정은 이해합니다. 하지만 최근 몇 주간의 사건 보도에는 불안한 부분들이 있습니다.

첫 번째는 우리가 거듭 들어온 주장입니다. 서방은 아프가니스탄 정부가 "적어도 한두 해" 동안은 탈레반의 압력에 저항하기를 기대했습니다. 조금만 생각해봐

• 미공개 글.

도 이 주장은 불온해 보입니다. 서방은 지난 20년 동안 매년 평균 1만 명의 사망자를 낸, 심지어 패배한 이 내전이 지속되기를 기대한 것일까요?

탈레반의 급속한 진격은 학살이 계속되는 것을 막았습니다. 좋든 싫든 이는 평화를 가져왔습니다. 아마도 변변치 못한 평화겠지만, 그래도 학살은 멈췄습니다. 지난주 〈뉴욕타임스〉에 실린 보고서에 따르면 아프가니스탄에서 미군의 작전으로 발생한 민간인 사망자는 약 700명입니다. 그런데도 이 나라는 어떻게 내전이 지속되기를 기대할 수 있었을까요? 민간인 학살이라는 대가를 거듭 치르고도 군사점령이 계속되는 이유는 무엇일까요? 어쨌든 패배를 인정한 내전이 계속되기를 바라는 것이 무슨 의미가 있을까요?

불안한 부분은 더 있습니다. 텔레비전은 카불 공항의 절망적 장면을 보여줬습니다. 우리는 대부분 마음 아파했습니다. 하지만 카불 공항이 아프가니스탄 자체는 아닙니다. 우리가 공항에서 본 곤경에 빠진 이들은 서구인에게 협력한 적이 있고, 부유한 서방으로 가는 비행깃값을 마련할 수단이 있는 극소수의 사람들입니다.

아프가니스탄은 1인당 국민총생산이 500달러도 안

되는 매우 가난한 나라입니다. 3,000만 명에 달하는 인구의 대다수는 아마도 관점이 다를 것입니다. 분명 그들은 미국행 비행기표를 사기 위해 공항에서 돈을 흔들고 있지 않았을 것입니다.

아프가니스탄은 전쟁으로 커온 나라로, 수 세기 동안 누구도 무력으로 지배할 수 없었던 나라입니다. 산이 많고 험준한 이 나라에는 골짜기마다 무장 세력이 있어 중앙 지휘나 통제가 없는 독립적 싸움이 자주 일어납니다.

그런데 국민들의 지지 없이는 어떤 세력도 권력을 장악할 수 없었습니다. 탈레반은 중장비, 항공기, 현대식 무기 없이 서방과 싸워 몇 주 만에 영토를 장악했습니다. 서방은 풍부한 장비를 갖추고 탈레반보다 규모가 6배나 큰 정규군대를 동원했는데 말이죠. 그렇다면 가능한 설명은 한 가지뿐입니다. 바로 국민들의 지지가 뒷받침되었던 것입니다.

물론 전쟁의 극적인 마지막 몇 주 동안 대피한 12만 3,000명의 사람은 탈레반에 대한 두려움으로 떨었습니다. 내전이 끝나면 패배한 쪽이 엄청난 난관에 처한다는 것은 누구나 아는 사실이며, 특히 외국 침략자와 협력한 경우에는 더욱 그러합니다.

하지만 탈레반이 점령하기 전에 230만 명의 아프가니스탄인은 이미 내전의 폭력을 피해 이웃 국가로 피난을 떠나 있었습니다. 그리고 집을 떠나야만 했던 또 다른 300만 명의 아프가니스탄인은 국내에서 떠돌고 있었습니다.

이들의 두려움은 단순히 탈레반 때문이 아닙니다. 여러 세력이 내전을 일으켜 사망자 20만 명을 냈기 때문입니다. 우리가 전혀 좋아하지 않는 이념을 가졌지만 기본적으로 평화롭던 나라에 외국이 침략해 촉발된 내전이었죠. 왜 우리는 이 550만 명에 대해서는 마음 아파하지 않는 것일까요? 그들은 우리의 적을 피해 도망치는 사람들이 아니기 때문일까요?

요즘 비서구권 언론에 주파수를 맞추면, 탈레반이 오랫동안 장악하고 있는 잘랄라바드 같은 아프가니스탄 도시에서 기자들의 실시간 보도를 어렵지 않게 찾아볼 수 있습니다. 거리의 사람들은 안전과 평화가 회복된 것을 환영한다고 말합니다. 그뿐만 아니라 탈레반이 친서방 정부의 가장 큰 악을 근절했다고 주장합니다.

정부의 부패가 참을 수 없는 수준에 이른 것은 모두

인정하는 사실입니다. 이 정부를 지역 주민들이 어찌나 싫어하는지, 세계에서 가장 전투에 익숙한 나라의 완전무장한 군인 30만 명이 정부를 방어할 바에 차라리 뙤약볕 아래에서 사그라지기를 택할 정도입니다.

20년 동안의 서구 점령이 낳은 성과가 평균 소득 500달러에 15세 여성 문맹률이 70퍼센트에 달하는 부패한 국가입니까? 문명화된 서구가 가져올 수 있었던 결과가 고작 이것입니까? 저는 우리가 뻔뻔한 세력 과시를 아름다운 말로 덧칠하는 위선을 부끄럽게 여겨야 한다고 생각합니다. 지금의 실패는 그 위선을 명백하게 드러냅니다. 하지만 우리는 이를 덮기 위해 탈레반이 얼마나 사악하냐며 꽥꽥거리고 있습니다.

카불 공항에서 불안한 나날이 이어지는 동안, 우리는 탈레반이 사람들에게 겁을 주기에 미군이 아프가니스탄의 민간인 몇 명을 죽여야 했다는 소식을 들었습니다. "탈레반이 너무 나빠 미국인들은 자신들이 고문하던 장소인 기지를 파괴해야 했다."(《뉴욕타임스》) 그리하지 않았다면 끔찍하게 사악한 탈레반은 복수를 생각했을지도 모른다는 것입니다.

우리는 소녀들이 학교에 가지 못하는 것과 일반 여

성이 처한 상황에 마땅히 분노합니다. 그런데 왜 우리는 아프가니스탄 여성에 대해서만 분노할까요? 세계 여러 나라에서 이런 일이 일어나며, 그중 일부는 서방의 확고한 동맹국입니다. 서방의 정부들은 그런 나라에서 여성이 받는 대우를 언급하지 않으려 합니다.

일부 젠더 이슈에서는 이슬람이 우리를 앞섭니다. 이슬람 국가 파키스탄은 오랫동안 여성 통치자가 있었고, 스리랑카도 1960년대 초부터 여성 통치자가 있었습니다. 미국과 프랑스는, 좋은 말로 페미니스트들은, 반세기가 지난 지금까지 무엇을 기다리고 있죠?•

자신들의 세계를 바꿀 어려운 과제를 안고 있는 것은 바로 아프가니스탄 여성입니다. 20년 동안 그들의 나라를 침략하고, 그들의 자녀와 형제를 학살하는 것은 실제로 그들을 돕지 못했습니다.

최근 저는 탈레반이 카불의 대통령궁을 점령한 사진을 보고 충격을 받았습니다. 제가 기억하는 다른 나라의 사진에서는, 권력을 장악해 환희에 찬 사람들이 허

• 이탈리아 현 총리의 정치적 입장에 동의하지는 않지만, 이탈리아를 이 목록에서 제외하게 되어 기쁘다. (조르자 멜로니Giorgia Meloni는 2022년 10월 취임해 이탈리아 최초의 여성 총리가 되었다. - 옮긴이)

공에 총을 쏘고 춤을 추고 기뻐하고 있었습니다.

하지만 최근 본 사진은 그렇지 않았습니다. 20년간의 전쟁에서 승리한 정치적·군사적 세력에게서 기쁨을 표출하는 모습은 거의 찾아볼 수 없었습니다. 엄숙한 얼굴들, 기도하는 병사들, 권력자의 부유한 궁전에는 어울리지 않는 남루한 전투복. 분명히 그들은 자신들 앞에 매우 어려운 임무가 놓여 있다는 것을 잘 알고 있었습니다.

카불의 엘리트들도 모두 다 도망치지는 않았습니다. 예를 들어 와히드 마즈루Wahid Majrooh 보건부 장관은 대통령과 함께 도망치기를 거부했습니다. 그는 병원들이 계속 운영될 수 있도록 자리를 지켰습니다. 그는 탈레반 보건 담당관을 환영했고, 두 사람은 함께 카불 인근 병원들을 방문해 주민들을 안심시켰습니다. 카불에는 평화부도 있습니다.

물론 탈레반은 민주주의를 수립하지 않을 것입니다. 저는 그들의 사상이 전혀 마음에 들지 않습니다. 하지만 우리의 굳건한 동맹국인 사우디아라비아, 모로코, 요르단, 싱가포르도 민주주의일까요? 미군은 지난 몇 주 동안 카불에서 탈레반과 긴밀히 협력해왔습니다.

두 나라 모두 다에시Daesh[1]라는 공통의 적이 있다는 것을 알고 있습니다. 다에시는 탈레반의 민족주의를 나쁘게 보고, 탈레반이 서방과 타협했다고 여깁니다. 그들의 관점에서 완전히 틀린 말은 아니죠.

저는 부자가 되려는 꿈을 실현할 수 없게 된 카불의 자산가들에 대해 안타까워하는 대신, 9·11테러 이후 우리 통치자들이 맹목적 복수를 위해 일으킨 무의미한 전쟁으로 학살당하고 비참한 처지에 빠진 아프가니스탄 사람 수백만 명에 대해 안타까워해야 한다고 생각합니다.

우리는 탈레반, 다에시, 서방의 폭탄으로 자녀, 형제자매, 부모가 죽거나 불구가 된 사람들에 대해 안타까워해야 합니다. 폭탄은 누가 터뜨리든 모두에게 똑같이 피해를 입힙니다. 우리는 잔인함과 폭력으로 모든 것을 해결할 수 있다는 생각 때문에 폐허가 된 나라에

---

1 다에시는 스스로를 '이슬람 국가'라고 칭하는 IS의 아랍어 전체 이름의 약자 DAIISH를 영어식으로 읽은 표현이다. '국가'라는 의미가 빠지고, 아랍어로 '짓밟다' '광신자'를 뜻하는 단어와 발음이 유사해 모욕적 의미를 내포한다. 즉, 다에시는 국제사회가 그 집단의 정통성을 부정하며 부르는 멸칭이다.

대해 안타까워해야 합니다.

탈레반이 다시 권력을 잡지 않았냐고요? 그들의 형편없고 짧은 집권 경험이 있은 지 20년이 지났습니다. 저라면 그들에게 투표하지 않았겠지만, 아프가니스탄 사람들은 점령군 세력과 그 세력이 지원하는 부패한 정부보다 그들을 더 지지했습니다. 그게 정말 그렇게 놀라운 일일까요? 베트남인들, 그리고 다른 많은 민족도 비슷한 선택을 했습니다.

아프가니스탄 국민은 굴복하지 않습니다. 영국과 러시아를 몰아냈고, 이제는 미국까지 몰아냈습니다. 아프가니스탄은 천천히, 물론 실수도 있겠지만, 스스로 길을 찾을 것입니다. 상처받은 서구의 자존심은 잊어버립시다. 그리고 마침내 평화를 찾았을지도 모르지만 파괴된 나라에서 비참한 처지에 놓인 3,500만 명의 형제자매에게 손을 내밉시다. 우리부터도.•

• 이 글을 작성한 지 2년이 지났다. 바람과 달리 상황은 나아지지 않았다. 아무도 고통받는 아프가니스탄을 돕지 않을 뿐만 아니라, 미국인들은 아프가니스탄 정부의 자금을 은행에 예치해두고 있다. 그들은 나라를 침공해 파괴하고, 수십만 명을 죽이고, 전쟁에서 패배한 후 결국 돈을 가지고 도망쳤다.

국제적 합법성에 대해 생각하다

<일파토쿠오티디아노Il Fatto Quotidiano>[1], 2022년 11월 25일.

스위스 역사학자 다니엘레 간저Daniele Ganser가 쓴 《나토의 불법 전쟁Le guerre illegali della Nato》(2022년)은 모두가 읽어야 할 책이라고 생각합니다. 적어도 이 책의 단순하고 명료한 내용은 누구나 알아야 합니다.

간저는 걱정스럽지만 차분하고 평온한 어조로, 사실에 입각해, 미사여구나 공격성 없이, 거의 순진할 정도로, 그리고 제가 스위스 문화에서 존경하는 특징인 정

1 로마에서 발행되는 이탈리아 일간지.

확성과 꼼꼼함으로, 단순하지만 중요한 사실을 상세히 말해줍니다.

인류는 전쟁의 재앙을 줄이기 위해 국제적 합법성을 확립하려고 노력해왔습니다. 그러나 미국이 지배하는 서구는 이러한 국제적 합법성을 가장 많이 짓밟고 방해했습니다. 그들은 힘을 내세워 불법을 저지르고 면책을 받을 권리를 주장해왔고, 이는 오늘날도 이어지고 있습니다. 이것이 간저가 책에서 전하고자 한 단순하지만 중요한 사실입니다.

물론 국제법을 어기고 짓밟은 것은 서구만의 일이 아니었습니다. 많은 정부에서 불법적 폭력을 거듭 사용해왔습니다. 그러나 전체적 비율로 따져볼 때, 국제적 합법성을 확립하고 보호하려는 계몽적 기획을 파괴한 주범은 다른 누구도 아닌 서구였습니다.

어떤 사람들에게는 이미 아는 명백한 사실이겠지만, 다른 어떤 사람들에게는 놀라운 사실일 것입니다. 저는 모두가 이 사실을 인식하고, 그 의미를 생각해보는 것이 중요하다고 생각합니다. 그렇게 생각하는 데는 두 가지 심각한 이유가 있습니다.

첫 번째는 (우리 이탈리아를 포함해) 서구가 위선에 기반한 서사에 빠져 있기 때문입니다. 우리는 항상 '국제 사회'라는 용어를 우리의 이기적 이익을 지칭하는 데 사용합니다. 우리는 서구가 정의와 합법성의 편에 서 있다고 스스로 말합니다. 우리와 대립하는 국가나 조직은 모두 '불량 국가'로 지정하고, 우리 정치인과 언론은 입을 모아 그들이 불법과 범죄를 저지른다고 비난합니다.

그러나 냉정하게 따져보면 현실은 그 반대입니다. 막대한 군사력을 가진 서방이 국제적 불법의 편에 서는 경우가 훨씬 많습니다. 이 사실을 좋아하거나 싫어할 수 있고, 지지하거나 반대할 수도 있지만, 알고서 무시하는 것은 위선이며, 모르고서 무시하는 것은 심각한 판단 오류입니다.

이어서 제가 더 중요하다고 생각하는 두 번째 이유입니다. 서방은 전 세계적으로 매우 뚜렷한 군사적 우위를 점하고 있습니다. 군비 지출이 지구상의 다른 나라들보다 훨씬 높습니다. 한 가지 자료만으로도 이 사실을 충분히 확인할 수 있습니다.

미국의 1인당 군사비 지출은 중국의 14배가 넘습니다. 전 세계 인구의 4퍼센트도 되지 않는 미국이 전 세계 군사비의 40퍼센트를 차지합니다. 미국은 고대 그리스의 스파르타처럼 실질적으로 군사 국가입니다. 동맹국들과 함께 전 세계에 막강한 군사력을 보유합니다.

이 군사력은 방어를 위한 것이 아닙니다. 서방 군대는 지구 곳곳에 기지를 두고, 모든 바다를 장악하고 있습니다. 그들은 제2차세계대전이 끝난 이후에도 전 세계에서 끊임없이 전쟁을 벌여왔습니다. 다른 어떤 나라도 이와 같은 일을 하지 않습니다.

이러한 군사적 우위는 처음에는 경제력에 기반을 두고 있었습니다. 지난 세기 초, 서구(영국을 포함한 북미와 유럽)는 전 세계 상품생산량의 80퍼센트를 차지했습니다. 경제적으로 세계를 지배했던 것입니다. 하지만 지금은 그렇지 않습니다. 오늘날 더딘 탈식민화 과정과 기술적·문화적 근대성의 확산으로 서구의 상품생산 비율은 절반으로 줄었습니다. 이제 서구는 전과 같은 경제적 지배력이 없습니다.

문화적으로도 서구는 과거만큼 지배적이지 않습니다. 다른 국가들이 과학과 기술을 발전시키고, 새로운 형태의 사회조직과 정치조직을 실험해 놀라운 성공을 거두고 있습니다. 그리고 문학, 시각예술 등 문화적 형태를 새롭게 표현하며 오늘날 다면적인 동시에 통합되어 있는 세계 문명에 동등하게 기여하고 있습니다.

한 세기 전과 달리 지금의 서구는 인구, 경제, 문화의 측면에서 인류의 일부에 불과해졌습니다. 중요한 부분이기는 해도 일부일 뿐입니다. 중국이나 인도만 해도 각각 서구 전체보다 더 많은 인구가 살고 있으며, 중국만으로도 경제 규모가 미국과 비슷할 정도입니다.

군사력과 경제력 이외에도 서방의 막강한 힘은 또 다른 기반을 가지고 있었습니다. 바로 무기, 그리고 유엔의 결정에 반하면서까지 무기를 사용하려는 끊임없는 의지입니다. 다시 말해 폭력과 불법이죠. 서방의 위상은 얼마나 오래갈 수 있을까요? 더 이상 경제력이 뒷받침되지 않으면 항공모함만으로 세계를 호령할 수는 없습니다.

서구는 저의 세계이자 저의 문화이며, 제가 소중히 여기고 저의 역사로 인해 가장 높이 평가하는 문화입니다. 서방이 멀리 내다볼 줄 안다면 분명 (자신과 나머지 세계를 위해) 국제적 안정과 합법성을 위해 일할 것입니다. 다른 사람들의 이익을 고려하고, 무기가 아닌 정치로 해결책을 모색하는 다극화된 세계를 위해 일할 것이 분명합니다.

그러나 간저의 책은 지금 세상이 그렇지 않다는 것을 명확하게 보여줍니다.

저는 서방이 나팔을 불며 심연을 향해 행진하고 있다는 사실을 깨닫기를 바랍니다. 자신의 힘이 점점 더 약해지고 있다는 사실을 보지 않으려는 맹목에서 벗어나기를 바랍니다. 위선적이고 비현실적인 '정의로운 지배자'라는 자신의 이미지에 갇혀 있지 않기를 간절히 바랍니다.

'지배를 위한 무분별한 투쟁'이 아니라 '협력을 추구하는 국제정치'를 구축하기 위해 노력할 시간이 아직은 있습니다. 그것은 굴복하지 않는 상대를 '전략적 적대국' '범죄 국가' '독재국가' 등으로 부르는 것이 아닙니다. 상호 인정과 존중에 기반하는 정치입니다.

국제적 합법성이 존재할 수 있음을 인식하기 위해 노력할 시간이 아직은 있습니다. 정치는 무기보다 모두에게 더 좋은 것입니다. 이는 멀리 내다볼 줄 아는 사람들이 오랫동안 되풀이해온 주장입니다. 노련한 정치인, 달라이 라마나 프란치스코 교황과 같은 위대한 영적 지도자, 그리고 서방이 불법적으로 일으킨 수많은 전쟁에 지친 전 세계 수억 명의 평범한 사람에 이르기까지 말입니다.

우리는 주권국가 내에서 서로를 죽이지 않고 함께 사는 법을 배웠습니다. 그러나 주권국가들 간에는 아직 서로를 죽이지 않고 함께 사는 법을 배우지 못했습니다. 우리는 모두를 위해 이것을 배워야 합니다.

간저의 책은 그 첫 단계를 명쾌하고 차분하게 보여줬습니다. 그것은 바로, 지금까지 우리만 무법자였던 것은 아니지만 우리가 주요 무법자였다는 분명한 사실을 인정하는 것입니다. 한시라도 빠르게 말입니다.

인류를 위한 아주 간단한 제안

<코리에레델라세라>, 2021년 12월 14일.

50명의 노벨상 수상자가 전 인류를 향한 간단하고 구체적인 제안을 담은 호소문에 서명했습니다.[1] 이 제안의 지지자 중에는 노벨평화상 수상자인 달라이 라마도 포함되어 있습니다.•

이 제안의 바탕에는 인류가 전염병, 지구온난화, 극

---

1 로벨리는 이 기획의 창시자이자 발기인이다.

• 이 글이 게재되고 바티칸 국무장관으로부터 교황님의 지지를 전하는 서신을 받았다. 진심으로 감사드린다.

심한 빈곤 같은 심각한 공통의 도전에 직면해 있으며, 이를 해결하기 위해서는 재원이 필요하지만 구하기 어렵다는 공감대가 있습니다. 시급하다는 데는 모두가 동의하지만, 필요한 자금은 어떻게 조달할 수 있을까요? 노벨상 수상자들의 제안은 방대한 재원을 찾을 수 있는 방향을 제시합니다. 이는 협력이라는 간단한 아이디어를 바탕으로 합니다.

전 세계 군사비는 2000년 이후 2배로 증가했습니다. 거의 모든 국가에서 급격하게 증가해 연간 2조 달러(한화 약 2,937조 원)에 육박하고 있죠.• 한 국가가 군사비를 늘리면 적대 관계에 있는 다른 국가들도 군사비를 늘립니다. 이러한 음陰의 피드백 메커니즘은 군비경쟁을 부추기고, 모두가 엄청난 비용을 부담하게 합니다. 최악의 시나리오에서 이는 파괴적 분쟁으로 가는 길입니다. 최선의 시나리오를 따라 분쟁을 피한다고 해도, 더 현명하게 쓸 수 있는 재원의 엄청난 낭비입니다.

노벨상 수상자 50명이 서명한 이 제안서는 각국 정

• 2023년에는 연간 2조 5,000억 달러(한화 약 3,671조 2,500억 원)로 증가했다.

부가 5년간 매년 2퍼센트씩 군사비를 균형 있게 삭감하는 포괄적 국제 협정을 체결할 것을 촉구합니다. '적대국'이 군사력을 감축할 것이기에 각 국가의 안보 수준은 낮아지지 않고 오히려 높아질 것입니다. 억지력과 균형도 유지됩니다. 이 협정은 전쟁의 위험을 줄이고 적대감을 낮추는 데 도움이 될 것입니다.

과거에도 유사한 군비제한 협정이 체결된 적이 있습니다. 미국과 소련의 솔트SALT 조약과 스타트START 조약은 핵탄두 수를 90퍼센트나 줄였습니다. 이러한 협상은 합리적이기에 성공할 수 있었습니다. 협상 참가자들은 상대편의 군비축소에서 이익을 얻습니다. 그리고 인류 전체가 그 혜택을 받습니다. 협력은 수지가 맞는 일인 것입니다.

군사비 지출이 막대하다는 점을 고려할 때, 2퍼센트의 작은 감축만으로도 엄청난 재원이 확보됩니다. 이 '평화 분담금'은 2030년까지 1조 달러(한화 약 1,468조 5,000억 원)에 이를 것입니다. 이는 현재 유엔과 산하 기구를 포함한 모든 협력 프로그램에 각국이 배정하는 총액보다 훨씬 많은 금액입니다.

노벨상 수상자 50명이 서명한 이 제안서는 확보된

재원의 절반을 국제 기금으로 배정해 유엔의 감독에 따라 전 지구적으로 긴급한 공동 문제를 해결하는 데 사용해야 한다고 말합니다. 전염병, 기후변화, 극심한 빈곤 같은 문제들에요. 이러한 '글로벌 펀드'는 이미 소규모로 존재하며, 질병 퇴치에서 매우 효과적으로 운용되고 있습니다.

이 협정으로 확보된 막대한 재원의 나머지 절반은 각국 정부가 사용할 수 있을 것입니다. 그러면 모든 국가는 새로운 가용 재원을 가집니다. 그중 일부는 군수산업의 생산과 연구 능력을 평화적 용도로 전환하는 데 사용될 수 있습니다. 군사과학 연구는 평화로운 삶을 위한 부수적 산물들도 만들어왔는데, 이 연구의 방향을 평화적 응용 분야로 직접 향하게 하면 훨씬 효과적일 것입니다.

이러한 합의가 이뤄지는 것을 막는 기술적·정치적·이념적 복잡한 사정들이 존재하기는 합니다. 그러나 공동의 이익이 매우 클 때는, 누군가 합의를 구축하기 위해 노력한다면 장애물을 극복할 수 있습니다. 이러한 아이디어를 추진하는 국가가 있나요? 이탈리아?

지구는 작고, 인류는 연약하며, 심각한 위험에 직면

해 있습니다. 우리는 서로 다르지만 함께 힘을 모으면 이러한 위험에 맞설 수 있습니다. 인류가 수 세기 동안 이룩한 모든 일은 협력을 통해 이뤄졌습니다. 이탈리아 도시들은 수 세기 동안 서로 전쟁을 치렀기 때문에 성벽으로 둘러싸여 있습니다. 더 이상 서로에게 맞서 무장하지 않으면서 이탈리아의 삶은 나아졌습니다.

이제 인류가 세계적으로 그러한 일을 하려고 노력해야 할 때입니다. 최근 세계화의 성장은 비용이 들고 문제를 일으키기도 하지만, 특별한 기회도 열어주고 있습니다.

그것은 바로 전 지구적 협력입니다. 이제 공적 논쟁의 초점을 경쟁이 아닌 협력으로만 얻을 수 있는 막대한 이익이라는 주제로 옮겨야 할 때입니다. 정치인들이 귀를 열고 이러한 방향으로 세계 질서를 이끌어가기를 바랍니다.

케플러의 꿈

<코리에레델라세라>의 <라레투라>, 2023년 7월 16일.

“5만 독일 마일[1] 떨어진 에테르의 깊은 곳에는 레바니아섬이 있지. 여기에서 저기로 또는 저기에서 여기로 이동하는 것은 거의 불가능해. 가능한 경우에도 우리 종족에게만 쉬운 일이지, 이송되어야 하는 인간에게는 매우 어렵고 생명에 큰 위험이 따르는 일이야. 우리는 앉아 일하는 사람이나 뚱뚱한 사람이나 허약한 사

1 독일에서 전통적으로 사용하는 마일 단위. 5만 독일 마일은 약 24만 킬로미터다.

람은 끼워주지 않아. 말을 타고 많은 시간을 보내거나 배를 타고 인도까지 자주 여행해 딱딱한 빵, 마늘, 말린 생선 및 역겨운 음식을 먹는 데 익숙한 사람들을 고르지. 우리는 특히 어린 시절부터 야행성 염소나 갈퀴, 너덜너덜한 망토를 타고 광활한 영토를 가로지르는 것이 일상인 마른 노파들을 높이 사. 독일인은 우리에게 맞지 않은 것 같지만, 우리는 스페인 사람들의 마른 체격을 업신여기지 않지." 작가의 분신인 두라코투스와 함께 달(레바니아섬)로 가려는 정령이 (아이슬란드어로) 이렇게 말합니다.

아이러니와 지성으로 빛나는 이 현란한 산문의 작가는 의외로 근대성의 문을 연 17세기 과학혁명의 거인, 독일 천문학자 요하네스 케플러Johannes Kepler입니다. 많은 사람이 이 글의 제목을 알지만, 실제로 이 글을 읽었다는 사람은 드물게 보입니다. 케플러는 거의 40년에 걸쳐 이 글을 쓰고 또 고쳐 썼습니다. 그리고 그의 사후에 이 작은 책은 《꿈Somnium》(1634년)이라는 제목으로 출판되었습니다.

《꿈》은 아이슬란드 소년 두라코투스가 어머니 피올크실데와 함께 달을 여행한 이야기를 담고 있습니다.

피올크실데는 선원들에게 마법 부적을 팔며 생활했는데, 아이슬란드를 사랑하는 정령들과 교제해 신비한 지식을 얻을 수 있었습니다. 아이슬란드는 "다른 땅의 과도한 빛과 시끄러운 인간들을 싫어하는 가장 현명한 신령들이 우리의 그림자에 이끌려 친숙하게 말을 건네는" 땅이었기 때문입니다.

피올크실데가 "21개의 글자로" 소환한 ("가장 온순하고 무해한") 한 정령은 "쉰 목소리로 더듬거리며" 앞의 인용과 같이 설명한 후 어머니와 아들을 달로 데리고 갑니다. 두라코투스는 달에서 바라본 세상, 특히 그곳에서 바라본 창공을 놀라울 정도로 세밀하게 이야기합니다.

하늘에서 항상 같은 위치에 떠 있고, 스스로 돌고 있는 것처럼 보이는 지구. 지구의 30일만큼 긴 낮을 만들며 하늘에서 천천히 도는 태양. 미묘하게 크기가 달라지는 별 등등. 정확한 달 천문학의 무수한 세부 사항이 놀랍도록 자세하게 표현됩니다. 30쪽도 되지 않는 이 책에는 무려 223개의 주석이 달려 있습니다. 엄청난 공을 들여 쓴 책인 것이죠.

케플러는 이렇게 기묘한 《꿈》을 왜 썼을까요? 이 책

은 동화와 현학, 아이러니와 알레고리, 중세와 신과학, 수학과 비합리주의, 천문학과 여흥을 대담하게 뒤섞고 있습니다. 케플러는 대체 왜 평생에 걸쳐 이 책을 쓴 것일까요?

이 책의 의미를 이해하려면 케플러의 정신적 큰형을 언급하는 게 도움이 될 것입니다. 바로 이탈리아의 과학자이자 철학자 갈릴레오 갈릴레이입니다. 성격도 문화도 매우 달랐던 케플러와 갈릴레오는, 폴란드 천문학자 니콜라스 코페르니쿠스가 거의 한 세기 전에 통찰했듯이, 지구가 우주의 중심이 아니며 빠르게 자전하고 있다는 사실을 인류에게 알리는 데 성공한 두 사람입니다.

수학자이기도 했던 케플러는 강박에 사로잡혀 편집증에 시달리는 인물이었지만, 방대하고도 정확한 천문 관측을 통해 완전히 새로운 천체 수학의 관문을 열었습니다. 한편 갈릴레오는 말이 많고, 정치적이고, 언쟁을 벌이는, 명랑한 르네상스적 인간이었습니다. 망원경으로 아무도 보지 못한 것을 봤고, 지구상 물체들의 움직임에서 수학적 규칙을 최초로 발견했습니다.

이들은 서로를 몹시 존경했습니다. 하지만 항상 멀

리 떨어져 있고, 과학적으로도 서로를 이해하기에는 너무 다른 두 사람이었죠. 그런데 이들은 함께 과학혁명의 영웅이 되었습니다. 현대 과학의 기초가 되는 위대한 종합을 구축할 2개의 견고한 기둥을 영국 물리학자 아이작 뉴턴에게 제공한 것입니다.[2]

하지만 영웅이 되기 전, 두 사람에게는 같은 문제가 한 가지 있었습니다. 당시에 지구가 실제로 우리 발밑에서 빠르게 움직일 수 있다는 생각은 너무 터무니없고 상상할 수 없는 것이었습니다. 그래서 이를 진지하게 받아들이는 사람이 거의 없었습니다.

지금도 그렇지만, 새로운 생각을 받아들이는 데 가장 큰 걸림돌은 참신함이나 이상함이 아닙니다. 그것은 당연해 보이는 것을 의문시할 때 겪는 뿌리 깊은 어려움입니다. 우리는 어쩌나 이미 많이 알고 있다고 생각하는지요.

갈릴레오는 이 문제를 정면으로 다뤘습니다. 그의 위대한 저서 《두 우주 체계에 관한 대화Dialogo sopra i due

---

2 뉴턴은 케플러의 행성 운동 법칙과 갈릴레오의 운동 법칙을 바탕으로, 만유인력의 법칙과 운동의 세 가지 법칙을 확립하며 물리학의 기초를 마련했다.

massimi sistemi del mondo》(1632년)는 지구가 태양 주위를 돌고 있음을 증명하기 위해 쓴 책입니다. 그러나 4일간의 대화에서 오직 네 번째 날만 이 증명(더구나 잘못된)에 할애되었습니다.• 처음 사흘은 지구가 움직일 수 있다는 생각을 독자가 받아들이도록 하는 데 전념하고 있습니다. 훌륭한 교사라면 누구나 알다시피, 정말로 어려운 일은 새로운 것을 가르치는 일이 아니고 옛것에서 벗어나도록 이끄는 일이죠.

이것이 바로 케플러가 《꿈》에서 하려는 일입니다. 무엇이 명백하고 확실한지에 대한 우리의 감각이 틀릴 수 있음을 보여주는 것입니다. 케플러는 화려한 이탈리아 문장도 구사할 줄 모르고, 독자의 마음속을 들여다보는 능력도 없습니다. 그래서 자신이 아는 것에 의존해 논증을 펼치죠.

볼품없는 정령과 괴상한 마녀가 있는 북유럽 세계를 통해 놀라운 논증을 무대에 올리는 것입니다. 케플러 자신이 확실히 납득한 논증을요. 그는 달과 태양과 별의 움직임이 우리에게 어떻게 보이는지, 그에 대해 우

• 이에 대해 다음에 오는 글 '갈릴레오의 실수'를 참고할 수 있다.

리가 아는 것을 일단 받아들이자고 말합니다. 그리고 이 정보를 바탕으로 만약 우리가 달에 있다면 무엇이 보일지 자문해보자고 합니다.

시점과 관점을 바꾸는 연습에는 기하학적 직관과 수학적 전문 지식이 필요한데, 케플러에게는 그러한 능력이 부족하지 않았습니다. 그 결과, 달에서 바라본 태양계 모습을 정확히 상상할 수 있었죠. 이제 우리가 이 연습을 성공적으로 해냈다고 상상해봅시다. 연습이 잘 되었으면 움직이는 기준점에서 보는 복잡한 운동도 수월하게 이해할 수 있을 것입니다.

그러다가 문득, 그 운동이 지구에서 보이는 모습과 똑같은 것일 수 있다는 것을 깨닫게 됩니다. 다시 말해, 회전하는 달에서 무엇이 보일지 충분히 자문해본다면, 지구에서 보이는 하늘의 모습이 지구가 회전할 가능성과 전혀 모순되지 않음을 즉시 깨달을 수 있습니다. 외관의 상대성을 직접적으로 인식하게 된 것입니다. 그리고 거기에는 우리 자신도 포함됩니다.

근본적으로 이것은 갈릴레오가 지구의 움직임을 우리가 알아차리지 못할 수 있음을 납득시키기 위해 사용한 것과 같은 논증입니다. 그는 이것이 잔잔한 바다에서 일정한 속도로 항해하는 배의 선실에서는 배의 움직임을 알아차리지 못하는 것과 같다고 말했습니다. 하지만 케플러의 논증은 훨씬 더 명료하고 복합적이면서도 완전합니다. 그는 우리를 달로 데려가 지구가 자전하며 하늘에서 임의의 지점에 가만히 떠 있는 모습을 보도록 해줍니다.

아름다운 르네상스 산문으로 쓰인 갈릴레오의 《두 우주 체계에 관한 대화》는 모두가 읽는 과학혁명의 보편적 고전이 되었습니다. 그러나 케플러가 펴낸 중세 고딕 양식의 뒤틀린 꿈은 과학 역사에서 간과된 각주로 남았습니다.

갈릴레오의 실수

<코리에레델라세라>의 <라레투라>, 2022년 2월 6일.

지난여름, 저는 며칠 동안 갈릴레오의 《두 우주 체계에 관한 대화》의 영어판을 큰 소리로 읽었습니다. 무슨 괴상한 취미가 있어서는 아닙니다. 미국 천체물리학자 브라이언 키팅Brian Keating이 갈릴레오의 위대한 대화편 영어 번역본을 오디오북으로 만들겠다는 아이디어를 냈고, 저에게 그중 한 인물을 맡아보라고 제안했기 때문입니다. 그는 이탈리아 억양이 영어권 청자에게 오디오북을 더욱 실감나게 만들 것이라고 했습니다.

저는 살비아티를 맡는다는 조건으로 동의했습니다.

그는 갈릴레오의 생각을 드러내는 인물이고, 그래서 결국 항상 옳은 견해를 말합니다. 브라이언은 현명한 친구 사그레도를 맡았습니다. 그는 중재를 담당하며 살비아티의 생각이 옳다고 동의하는 인물입니다. 전파 천문학자 루치오 피치릴로Lucio Piccirillo는 아리스토텔레스의 대변자인 심플리치오를 맡았습니다. 그는 대화에서 불쑥불쑥 튀어나와 지구가 우주 중심에 있다는 프톨레마이오스 모델을 옹호하는 인물입니다. 입자물리학자 파비올라 자노티Fabiola Gianotti는 갈릴레오의 짧은 서론을 읽었습니다.

책을 처음부터 끝까지 영어로 읽는 것은 힘들었고, 전문적이고 지루한 페이지도 있었지만, 인류의 가장 중요한 책 중 하나에 빠져드는 기쁨을 얻을 수 있었습니다. 지성과 활력이 번쩍이는 이 책으로 갈릴레오는 사실상 한 세기 넘게 무시되어온 코페르니쿠스주의를 승리로 이끌었습니다.

이 책을 통해 경솔하고 작은 생명체인 우리 인간은 자신들이 우주 중심에 살지 않는다는 것을 마침내 깨달았습니다. 다른 많은 행성처럼, 스스로 빙빙 돌면서 태양 주위를 돌고 있는 커다란 돌, 그 위에 서 있을 뿐이라는 사실을요.

인류를 납득시키는 일은 쉽지 않았습니다. 갈릴레오는 목숨을 잃을 위험을 겪었고, 교황청의 분노를 사서 가택 연금으로 생을 마감했습니다. 그는 어떻게 설득했던 것일까요?

갈릴레오의 대화편은 가장 고귀한 의미에서 특별한 '수사학' 실습이라고 할 수 있습니다. 대화는 활기차고 매력적이며, 표현은 풍부하고 매우 아름답습니다(그 구체성을 "산문의 궁극적 완성"이라고 평한 프란체스코 데 상크티스Francesco De Sanctis에서 나탈리노 사페뇨Natalino Sapegno에 이르기까지, 갈릴레오의 글은 이탈리아문학의 위대한 고전 비평가들로부터 찬사를 받았습니다). 논증은 다양하고, 구체적 사례로 가득하며, 항상 명확성을 추구합니다(이에 대해 주세페 파리니Giuseppe Parini는 "그는 잘 이해되게 하는 것 말고는 신경 쓰지 않았다"라고 썼습니다). 갈릴레오는 과학, 음악, 수공예, 문학 등 다방면에 걸친 르네상스적 교양을 갖추고 있었습니다.

그러나 이 책의 진정한 수사학적 힘은 갈릴레오가 '자신의 주장이 지극히 반직관적이며, 모든 사람에게 명백해 보이는 것과 충돌한다는 사실'을 예리하게 인식하는 데 있습니다. 갈릴레오는 옛 프톨레마이오스 체계를 옹호하는 아리스토텔레스주의자, 즉 과거의 늙다리와 싸우는 척하지만, 자신이 훨씬 더 강력하고 치명적인 용과 싸운다는 것을 잘 알고 있습니다. 그 용은 바로 '상식'입니다.

우리가 발을 디디고 선 지구가 명백히 움직이지 않는 것처럼 보여도, 실제로는 초당 수십 마일의 속력으로 움직이며 광란의 레이스를 벌인다는 사실을 인류 전체에게 어떻게 납득시킬 수 있을까요? 어떻게 하면 현실을 다시 분류해야 한다고 모든 사람을 설득할 수 있을까요?

'지구'와 '천상의 별들'이 아니라 '태양'과 '행성들'로 분류해야 한다고, 지금 명백해 보이는 위치에서 지구를 떼어내고 태양을 별의 일족에서 떼어내 생각해야 한다고, 지구를 금성이나 화성처럼 하늘에서 떠도는 점들과 동등하게 만들어야 한다고, 흥미롭게도 달은 독자적 범주에 따로 넣어야 한다고 말입니다(다행히 갈릴레오는 망원경으로 목성의 위성을 봤기에, 달만 따로 분류해야 하는 코페르니쿠스의 당혹스러움을 덜 수 있었습니다).

우리가 매일 뜨고 지는 모습을 보는 해와 달이 사실

은 뜨고 지는 것이 아니며, 우리 자신이 공중제비를 도는 것이라는 사실을 어떻게 모든 사람에게 납득시킬 수 있을까요? '움직인다'라는 것이 근본적으로 매우 애매한 개념이라는 것을 어떻게 전 인류에게 납득시킬 수 있을까요?

이를 위해서는 끈기, 느림, 예시가 필요합니다. 명백하다고 주장하는 논증을 하나씩, 차근차근, 천천히 해체해야 합니다. 논증들이 보이는 것만큼 견고하지 않다는 것을 보여줘야 합니다. 이 엄청난 정신적 노력을 갈릴레오는 깊은 고독 속에서 수행했습니다. 케플러를 제외하고, 코페르니쿠스를 따르던 몇 안 되는 천문학자 중 지구가 정말로 돌고 있다고 모두에게 말할 용기를 가진 사람은 결국 아무도 없었습니다.

과학의 역사에서 유명한 대목들이 있습니다. 아마도 가장 아름다운 대목은 '잔잔한 바다를 항해하는 배의 선실에서 관찰할 수 있는 현상에 대한 묘사'일 것입니다. 배가 움직이고 있음을 보여주는 것은 아무것도 없습니다.

친구들과 큰 배의 갑판 아래에 있는 가장 큰 방으로 들어가봅시다. 거기에는 파리, 나비, 다른 날짐승들이 있습니다. 또한 작은 물고기들이 담긴 큰 어항도 있습니다. 천장에는 작은 물통이 매달려 있는데, 거기서 물이 한 방울씩 떨어져 아래에 놓인 입구가 좁은 꽃병 속으로 들어갑니다. 배가 정지해 있는 동안 날짐승들이 어떻게 방 안을 여기저기 일정한 속도로 돌아다니는지 부지런히 관찰합시다.

그리고 이제 배를 원하는 속도로 움직이게 합시다. (움직임이 균일하고 이리저리 흔들리지 않는 한은) 앞에서 언급한 모든 것에서 조금의 변화도 알아차리지 못할 것입니다. 그 어떤 것에서도 배가 움직이고 있는지 정지해 있는지 알 수 없을 것입니다.

'움직이는 배에서 배의 움직임을 알아차리지 못한다면, 움직이는 지구에서 지구의 움직임을 알아차리지 못할 수도 있지 않을까?' 이것은 그야말로 위대한 수사학적 예술입니다.

갈릴레오의 대화편은 3명의 주인공이 나흘간 프톨레마이오스와 코페르니쿠스의 우주 체계에 대해 토론하는 내용으로 이뤄져 있습니다. 처음 사흘 동안 살비아티는 지구의 자전 가능성에 대한 모든 반론에 차례로 의문을 제기합니다. 독자의 마음속으로 들어가 가장 당연하다고 생각되는 것을 무너뜨리려는 갈릴레오의 극단적 노력은 이 거대한 책의 파토스이며, 제가 보기에 과학의 가장 찬란한 핵심입니다. 그것은 바로 세상을 바라보는 새로운 깊은 눈을 우리에게 제공하는 일입니다.

오늘날도 마찬가지입니다. 최고의 과학은 당연해 보이는 것과 대결하며 고난을 뚫고 나아갑니다. 갈릴레오는 그 길을 열었던 것입니다. 그리고 이 모든 것은 과학적 관점에서 보면 근본적으로 완전히 틀린 책으로부터 나왔습니다.

네 번째 날, 갈릴레오는 마침내 지구가 자전하고 태양 주위를 공전한다는 진정한 증거를 (글자 그대로) 테이블 위에 내놓습니다. '지구 자전과 공전 운동의 결합으로 바다가 불규칙하게 움직이고, 해류는 때로 빨라지고 때로 느려져 바닷물을 흔들어놓는다. 이것이 조수의 원인이 되는 것이다!'

살비아티가 물이 가득 찬 접시를 손으로 움직여 바다의 불규칙한 움직임을 흉내 내면, 접시의 물이 바닷물처럼 흔들립니다. '따라서 조수는 지구가 태양 주위를 돌고 있다는 결정적 증거가 될 것이다! 코페르니쿠스가 옳았다는 압도적 증거다.' 책 전체가 이를 목표로 하고 있습니다.

훌륭합니다. 하지만 완전히 틀렸습니다.

갈릴레오가 추론을 더 잘했더라면, 자신이 모순을 범하고 있음을 깨달았을 것입니다. 전날 그가 했던 논증 자체가 이 증거가 잘못되었음을 의미합니다. 배의 선실 안에서처럼, 지구의 궤도운동에는 관찰할 수 있는 효과가 없습니다.

오늘날 자연의 이러한 속성을 '갈릴레이 불변성'이라고 부르지만, 갈릴레오 자신은 갈릴레이 불변성을 이해하지 못했습니다. 조수를 일으키는 것은 이러한 움직임이 아닙니다. 갈릴레오가 죽고 1년 후 태어난 뉴턴만이 조수의 원인을 이해할 수 있었습니다. 그 원인은 달과 태양의 중력이었습니다.

인류의 가장 위대한 책 중 하나도 틀렸습니다. 그것도 저자가 핵심적 결론이라고 생각한 부분에서 말입니다. 이 책을 다시 읽게 되어 얼마나 기쁜지 모릅니다. 그 눈부신 위대함, 그 번뜩이는 혜안, 그리고 그 실수까지 말입니다.

부분의 부분

<코리에레델라세라>의 <라레투라>, 2019년 10월 13일.

항공기가 음속의 2배 속도로 이동하면 마하 2의 속도로 비행한다고 말합니다. 측정 단위 '마하'는 초음속 운동에서 발생하는 충격파를 연구한 오스트리아 물리학자 에른스트 마흐Ernst Mach를 기리며 붙은 이름입니다.

마흐가 응용물리학만 연구한 것은 아닙니다. 그는 과학사와 과학철학에 대한 책을 썼으며, 경험비판론이라는 철학적 입장을 옹호했습니다. 그의 사상의 영향력은 놀라울 정도로 광범위했습니다. 위대한 이론물리학자 알베르트 아인슈타인부터 오스트리아의 소설가 로베르트 무질, 러시아혁명의 지도자 블라디미르 레닌에 이르기까지 다양한 인물에게 큰 영향을 미쳤죠.

아인슈타인은 자신이 마흐에게 빚을 지고 있음을 여러 번 인정했습니다. 그가 뉴턴의 체계를 뛰어넘을 수 있었던 것은 마흐의 《역학의 발달 **Die Mechanik in ihrer Entwicklung**》(1883년)[1]에서 전개된 뉴턴의 공간과 시간 개념에 대한 비판 덕분이었습니다. 마흐의 핵심 사상 중 하나는 과학은 관측 가능한 양에만 의존해야 한다는 것이었습니다.

이 생각은 아인슈타인이 특수상대성이론에 도달하는 데 결정적 역할을 했습니다. 동시성은 직접 관측할 수 없으며 그저 근사치일 뿐이라는 것입니다. 오늘날 일반상대성이론을 공부하는 학생들은 '마흐의 원리'를 익히 알고 있습니다. 물체의 자유 운동은 고정된 추상적 공간 구조에 의해 결정되는 것이 아니라 우주 전체의 물질 분포에 영향을 받는다는 것입니다.

---

1 국역본: 에른스트 마흐, 《역학의 발달》, 고인석 옮김, 한길사, 2014년.

물리학 기초를 관측 가능한 양으로만 제한해 과학적 탐구를 '형이상학적' 가정들로부터 최대한 자유롭게 하자는 생각은, 양자역학의 토대를 마련한 하이젠베르크의 연구에 바탕이 되기도 합니다. 이 주제에 관한 하이젠베르크의 핵심 논문에서 첫 문장은 마흐의 사상을 직접 언급하고 있습니다. 따라서 마흐는 20세기 물리학의 두 가지 위대한 혁명에 직접적 영향을 미쳤다고 할 수 있습니다.

마흐의 '반형이상학적' 수사법은 현대 철학에도 꾸준한 흔적을 남겼습니다. 그 직접적 영향은 빈학파[2], 루트비히 비트겐슈타인, 그리고 세기 전환기의 논리실증주의에서도 동일하게 발견됩니다. 이렇게 마흐는 오늘날 전 세계의 많은 철학과를 지배하는 현대 분석철학 전반에 영향을 미쳤습니다.

마흐의 아이디어는 신경 과학에도 중요한 흔적을 남겼습니다. 마흐는 인간의 지각을 실험적으로 연구한 최초의 사람 중 하나입니다. '마흐 밴드'란 색의 균일

---

2 1920년대부터 1930년대 중반까지 빈대학교를 중심으로 활동한 철학자, 과학자, 수학자 모임.

한 그라데이션을 볼 때 눈에 보인다고 상상하는(착시) 띠를 말합니다.

시각의 주관적 관점에 대한 그의 강조는 의식의 본질에 대한 최근 연구에서도 찾아볼 수 있습니다. 예를 들어, 의식을 연구하는 저명한 이탈리아 과학자 줄리오 토노니Giulio Tononi의 강연에서도 마흐의 작업에서 가져온 이미지가 첫 번째로 등장했습니다. 이 사실에 저는 큰 인상을 받았습니다.

마흐 사상이 미치는 직접적 영향은 과학과 철학의 광대한 분야를 넘어섭니다. 훗날 《특성 없는 남자Der Mann ohne Eigenschaften》[3]라는 걸작을 쓰게 되는 무질은 마흐에 관한 박사 학위 논문을 썼습니다. 논문에는 마흐의 경험비판론에 대한 열띤 논의가 담겨 있었습니다.

논문에서 무질이 논의한 사상은 그의 첫 번째 소설 《소년 퇴를레스의 혼란Die Verwirrungen des Zöglings Törleß》

3 1920년대 초 집필이 시작되었고, 1942년 작가가 사망해 미완성 원고로 남았다. 1950년대 무질의 유고 전집이 출간되며 전 세계에 소개되었다. (국역본: 로베르트 무질, 《특성 없는 남자》(전3권), 박종대 옮김, 문학동네, 2023년.)

(1906년)[4]의 주인공을 동요시킨 사상과 동일합니다. 이러한 사상은 《특성 없는 남자》의 이야기가 전개되는 내내 모습을 내비칩니다. 이 소설을 걸작으로 만드는 또 다른 요소는 현재 진행되고 있는 커다란 과학적·철학적 질문들과 지적이고 심오한 공명을 일으킨다는 점입니다.

마흐의 영향력은 이 이상입니다. 우리는 아직 가장 흥미로운 부분에 이르지 못했습니다. 러시아를 혁명으로 이끈 소수의 그룹에는 초기에 특히 영향력을 발휘한 2명의 지도자가 있습니다. 레닌과 알렉산드르 보그다노프Alexander Bogdanov입니다. 두 사람 중 더 지적이고 철학적이었던 보그다노프는 마흐의 사상에서 직접 영감을 받아 일반이론을 고안해냈습니다.

그 뒤를 이어 마흐에게 영감을 받은 지적 운동인 마흐주의가 러시아에서 성장했습니다. 레닌은 보그다노프와 경쟁하며 정치적으로나 사상적으로 보그다노프와 마흐주의자들을 공격했습니다. 《유물론과 경험 비

4 국역본: 로베르트 무질, 《소년 퇴를레스의 혼란》, 정현규 옮김, 창비, 2021년.

판론Materialism and Empirio-criticism》(1909년)[5]을 저술해 마흐와 보그다노프의 사상이 관념론에 오염되어 올바른 마르크스주의 유물론에 위배된다고 주장하기도 했죠.

보그다노프는 예리한 비판으로 대응하며, 레닌 유물론(물질을 역사와 경험, 과학 지식의 성장과 무관한 형이상학적 보편자로 가정하는)의 형이상학적 측면을 지적하고, 레닌의 입장에 내재된 교조주의를 비난합니다. 보그다노프에 따르면, 이러한 이론적 교조주의는 러시아혁명과 함께 실현된 진정한 해방운동을 경색시켜 파괴할 위험이 있습니다.

결국 레닌이 우세를 점하지만, 보그다노프의 분석은 예언자적입니다. 기초 물리학에서 물질 개념이 퇴색해 가는 것과 관련해 그렇습니다. 스탈린주의 소련에서 혁명적 해방운동이 경색된 것과 관련해서는 더욱 그렇습니다.

위대한 문학, 거대한 정치 문제, 철학, 다양한 과학이 마흐의 사상을 중심으로 얽혀 있습니다. 이는 자연

---

5 국역본: 블라디미르 레닌, 《유물론과 경험 비판론》(전2권), 박정호 옮김, 돌베개, 1992년.

과학과 인문학이 서로 대화하지 않는다고 불평하는 사람들을 시원하게 반박하는 사례입니다. 하지만 그토록 넓은 반향을 일으킨 마흐의 사상이란 무엇일까요?

무질이 논문에서 잘 논증했듯이, 마흐의 설명은 체계적이지도 않고 특별한 일관성도 없습니다. 그는 주로 과학의 역사에서 가져온 사례들로부터 일반적 제안을 끌어내는 방식으로 작업합니다. 한 가지 예로 고전 물리학의 개념적 토대에 대한 비판적 분석을 들 수 있습니다. 이를 통해 아인슈타인은 올바른 길로 접어들 수 있었습니다. 그러나 정말로 영향력이 있었던 것은 마흐 사상의 일반적 측면입니다.

마흐에게 지식이란 감각을 경제적으로 조직화하고 요약하려는 시도입니다. 이는 오늘날 복잡성과 뇌 기능의 물리적 기초에 대한 연구에서 매우 시사적이고 생산적인 아이디어입니다. 이탈리아의 마흐 연구자 알도 가르가니Aldo Gargani에 따르면, 마흐는 개념을 추상적인 논리적 도식으로 보지 않고, 감각 표상을 가능한 한 조직화하려는 과정의 결과물로 봤다고 합니다.

(현대 분석철학의 또 다른 뿌리인 미국 실용주의에도 직접적 영향을 미친) 이 논제는 지식의 뿌리를 경제학과 역사에

두고, 우리 종의 한계와 편파성을 벗어날 수 없는 인간의 구체적 활동으로 만듭니다. 그러나 동시에 지식이 진화와 성장에 열려 있게 합니다. 보그다노프는 그러한 사상에 매료되었습니다. 그는 그것을 문화가 역사에 의존한다는 마르크스와 엥겔스 논제의 특히 명료하고 지적인 버전이라고 이해했고, 조직화를 사고의 기본 개념으로 삼았습니다.

그러나 마흐의 관점의 핵심은 독일 철학자 리하르트 아베나리우스Richard Avenarius에서 빌려온 경험비판론이라는 급진적 경험주의입니다. 주어진 객관적 외부 현실이나 지각하고 인식하는 주체를 출발점으로 삼는 것이 아니라 오직 지각과 감각만을 출발점으로 삼는 것이죠.

빈학파와 논리실증주의의 공공연한 반형이상학적 태도, 세기 초 이론물리학의 엄청난 발전, 지각에 대한 과학적 연구의 탄생은 모두 이 정신에 직접적 영향을 받았습니다.

아베나리우스와 마흐는 정신세계와 물질세계 사이의 분리 또는 이원성을 제거하고, 두 세계를 일체화합니다. 이는 '유물론과 관념론' 또는 '대상과 주체' 사이의 양자택일을 뛰어넘을 수 있는 어떤 층위를 찾아내는 일입니다. 이 일을 현대 과학의 언어에 뿌리를 둔 방식으로 하고자 한다는 점에서 아베나리우스와 마흐의 독창성이 드러납니다.

보그다노프가 잘 보여줬듯이, 레닌은 경험비판론의 이러한 섬세한 측면을 이해하지 못하고 관념론이라고 오해합니다. 그러나 경험비판론은 인식주체를 자연화하는 길을 열어준다는 점에서 관념론과 거리가 멉니다. 마흐의 사상이 단편적이고 비체계적인데도 (또는 어쩌면 단편적이고 비체계적이기에) 그토록 영향권이 넓고 여전히 생산적인 것은 그런 이유 때문인 것 같습니다.

모든 용감한 사상가가 그러하듯, 마흐도 큰 실수를 저질렀습니다. 가장 놀라운 실수는 원자와 분자를 진지하게 받아들이지 않은 것이었습니다. 그는 원자의 존재를 가정한 맥스웰, 플랑크, 볼츠만의 물리학[6]을 거부했습니다. 급진적 경험주의자인 마흐에게, 보이지

6 영국 물리학자 제임스 클러크 맥스웰, 독일 물리학자 막스 플랑크, 오스트리아 물리학자 루트비히 볼츠만은 원자와 분자의 존재를 가정해 다양한 물리현상을 설명하고자 했다.

않는 물질 입자를 열이나 화학결합을 이해하는 기초로 상상하는 것은 너무도 부당한 형이상학적 가정처럼 들렸기 때문입니다.

그가 틀렸습니다. 원자 가설은 훌륭한 과학적 가설이었고, 나중에 멋지게 확증되었습니다. 오늘날 우리는 현미경으로 원자를 볼 수 있습니다. 경직성에서 벗어나려는 마흐의 시도도 결국 너무 경직된 것이었죠. 보그다노프가 옳았습니다. 모든 경직성은 일시적일 뿐이고, 현실의 운동은 우리를 변화로 이끕니다.

2016년 이탈리아에서는《인간에게는 왜 두 눈이 있을까? Perché l'uomo ha due occhi?》라는 제목으로 마흐의 짧고 유쾌한 강연문이 책으로 출간되었습니다. 강연의 맺음말을 인용하며 이 글도 마무리하겠습니다.

> 그러므로 이제 인간에게 두 눈이 있는 이유를 다시 묻는다면 저는 이렇게 대답하겠습니다. 인간이 자연을 주의 깊게 관찰하도록, 그리고 참이거나 거짓인 견해와 드높은 이념을 지닌 인간 자신도 자연의 작고 덧없는 현상일 뿐이라는 것을 이해하도록 그런 것이라고 말입니다. 그리고 메피스토펠레스의 말을 빌리면, 인간

은 단지 "부분의 부분"일 뿐입니다. 그리고 "세계의 작은 패러디인 인간이 스스로가 곧 세상이라고 착각하는 것"(괴테)은 가장 어리석은 일입니다.

로저 펜로즈

<코리아헤럴드 사설>, 2020년 10월 7일.

로저 펜로즈의 노벨상 수상 소식을 듣고 저는 몹시 행복했습니다. 로저는 살아 있는 위대한 과학자 중 한 사람으로, 다방면에 걸친 천재입니다. 그의 연구는 수학과 물리학의 새로운 길을 열었습니다. 예를 들어 저의 연구 분야인 양자 중력에서는 시공간의 양자 상태를 설명하기 위해 펜로즈가 발명한 '스핀 네트워크'라는 수학적 대상을 사용합니다. 펜로즈는 매우 독립적으로 사고했으며, 과학적 유행이나 과학 권력 집단과는 거리를 뒀습니다.

저에게 그는 과학의 매력을 대표하는 인물, 호기심에 끌려 세상을 바라보는 새로운 관점을 열어주는 인물, 자유롭고 독립적이며 고독한 지성을 대표하는 인물입니다. 하지만 그는 사랑스러운 사람이기도 합니다. 매우 친절하고 신중한 영국인으로, 90세가 다 된 나이에도 새로운 아이디어를 이야기할 때면 그의 눈은 열정으로 반짝입니다. 모두가 사랑하는 그는 도움 주기를 좋아하면서도 오만하지 않은 단정한 사람입니다. 그의 노벨상 수상은 이러한 과학자로서의 오랜 삶에 대한 보상입니다.

그는 오늘날 중력물리학, 우주물리학, 공간과 시간 물리학의 엄청난 생명력을 알아봤습니다. 중력파 검출로 노벨상이 수여된 것도 겨우 3년 전 일이었습니다.[1] 2020년 펜로즈, 독일의 라인하르트 겐첼, 미국의 앤드리아 게즈가 노벨물리학상을 수상한 것은 공간과 시간의 곡률로만 이뤄진 가장 특별한 물체인 블랙홀에 대한 이해에서 중요한 진전을 보인 공을 인정받은 것이

1 독일 태생 미국인 물리학자 라이너 바이스, 미국 물리학자 배리 배리시와 킵 손은 2015년 2개의 블랙홀이 병합하며 발생한 중력파를 최초로 관측했고, 그 업적으로 2017년 노벨상을 수상했다.

었습니다.

펜로즈가 보여준 것은 이러한 천체가 형성될 수밖에 없음을 아인슈타인의 이론이 예측한다는 사실이었습니다. 겐첼과 게즈는 우리 은하 중심에 있는 별들의 움직임을 사진에 담았습니다. 질량이 태양의 400만 배에 달하는 괴물인 블랙홀 주위에서 별들이 춤추는 모습을 보여준 것이죠. 우리 작은 행성들이 태양 주위에서 춤추는 것처럼요. 이 사진은 블랙홀이 실제로 존재한다는 설득력 있는 증거로 제시되었습니다.

우리는 갈릴레오의 발자취를 따르고 있습니다. 천재 과학자의 직관과 수학, 그리고 우주를 향해 열린 우리의 시선, 이 둘이 함께 세계를 둘러싼 놀랍고도 예상치 못한 현상들을 밝히고 있는 것입니다.

조르조 파리시

<코리에레델라세라>,
2021년 10월 6일.

조르조 파리시의 노벨상 수상은 이탈리아 이론물리학계의 뛰어난 수준을 확인시켜줬습니다. 과학자로서 파리시의 삶은 엔리코 페르미의 후계인 로마 학파에서 니콜라 카비보Nicola Cabibbo, 잔니 조나-라시니오Gianni Jona-Lasinio, 루치아노 마이아니Luciano Maiani, 귀도 알타렐리Guido Altarelli 등 바로 앞 세대의 위대한 물리학자들과 교류하며 피어났습니다. 이들은 모두 스웨덴 왕립 과학 아카데미의 주목을 받을 자격이 있는 훌륭한 과학자들이었습니다.

파리시의 물리학은 다양한 분야를 넘나드는 능력을 특징으로 합니다. 이는 위대한 과학자의 표식이기도 하지만, 이탈리아 문화에서 가장 좋은 측면의 표현이기도 합니다. 전문 분야를 넘어 멀리 내다보며 문제를 조망하고, 결실 있는 연구 방향을 예측하는 능력이 표현된 것이죠. 파리시는 입자물리학자로 시작했지만, 곧 그의 관심 분야는 양자역학의 기초부터 최초의 슈퍼컴퓨터에 이르기까지 다양해졌습니다.

1980년대에 그는 선견지명으로 입자물리학에서 통계물리학으로 방향을 바꿨습니다. 특히 복잡계 물리학을 집중적으로 연구했습니다. 그리고 이 분야에서 기술적 성과를 거둬 세계적 명성과 함께 노벨상을 얻었습니다.

복잡계란 평형상태와는 거리가 먼 시스템으로, 여러 개별 구성 요소의 상호작용으로 인해 예측하기 어려운 광역적 동작이 발생하는 모든 시스템을 말합니다. 복잡계는 유체의 운동부터 새 떼의 비행까지 우리 주변 어디에나 존재합니다.

로마에는 찌르레기 떼의 환상적 선회를 지켜보다 길을 잃은 파리시의 이야기가 신화처럼 남아 있습니다.

그는 생활에서 조금 엉망진창인 천재의 이미지를 숨기지 않았고, 실제로 종종 그런 이미지를 가지고 놀기도 했습니다. 파리시의 기묘함, 서투른 행동, 부주의함은 가히 전설적입니다. 그의 강의는 학생들에게 가장 혼란스러우면서도 매력적인 강의로 꼽힙니다.

파리시는 이탈리아 문화의 특징인 복잡성, 상상력, 유연성, 사고의 자유를 가장 잘 표현합니다. 고마워요, 조르조. 우리 모두 당신이 자랑스러워요.

로베르토 칼라소

<코리에레델라세라>, 2021년 7월 30일.[1]

로베르토 칼라소Roberto Calasso는 저의 인생을 바꿨습니다. 신문 기고문을 책으로 만들자는 미심쩍은 제안을 수락한 것은 아델피Adelphi라는 출판사 이름의 힘 때문이었습니다. 저의 성장에 큰 흔적을 남긴 책들의 절반을 펴낸 출판사죠.

1 로베르토 칼라소는 아델피를 이탈리아 대표 독립 출판사로 성장시킨 저명한 출판인이자 작가다. 이 글은 로베르토가 사망한 2021년 7월 28일 이후 쓰인 추모글이다.

《모든 순간의 물리학Sette brevi lezioni di fisica》(2014년)[2] 초고를 보낸 후, 밀라노 중심가에 있는 출판사의 대형 스튜디오에서 첫 만남을 가졌을 때, 로베르토는 이렇게 말했습니다. "카를로, 당신이 쓴 글을 읽었습니다. 좋았습니다. 중요하다고 생각되는 글이 있으면 저에게 다 보내주세요. 책이 팔릴지 생각하지 말고, 하고 싶은 진실된 말이 있는지만 생각하세요. 제가 출판해주겠습니다." 책이 성공을 거둘 조짐이 있기 전이었습니다. 그 말 덕분에 지금까지 책을 쓸 수 있었습니다.

이후 우리는 바로 아이디어를 나누기 시작했습니다. 로베르토는 자신이 특히 좋아했던《우파니샤드》의 한 구절을 언급했습니다. 저도 아는 인상 깊은 대목이어서 기억을 더듬어 그 구절을 다 읊었습니다. 그것은 강렬한 지적 우정, 열정적 대화, 서로에 대한 호기심의 시작이었습니다.

그와 논의하며 쓴 저의 책들은 종종 우리가 같은 질문을 하고 있다는 사실을 깨달았을 때의 놀라움에서

---

2 국역본: 카를로 로벨리,《모든 순간의 물리학》, 김현주 옮김, 이중원 감수, 쌤앤파커스, 2016년.

비롯되었습니다. 함께 주고받은 대화에서, 그가 던진 질문에서 우리는 그런 놀라움을 느꼈죠. 우리는 세대가 다르고, 아주 다른 지식 분야와 다른 나라에서 서로 다른 지적 경로를 밟아왔습니다. 하지만 저는 그에게서 저와 같은 미해결 질문들과, 저를 새로운 방향으로 나아가게 하는 통찰력을 발견했습니다. 편집자에게 그 이상 무엇을 바랄 수 있을까요?

함께 책을 만드는 과정은 정말로 멋진 시간이었습니다. 책을 만드는 데 그가 쏟은 특별한 정성은 전설적이었죠. 《시간은 흐르지 않는다》 표지의 빨간색을 정하기 위해 하드보드지 인쇄 시안을 얼마나 많이 보내줬는지 모릅니다. 색조가 아주 살짝만 다른 빨간색들이 저로서는 구분조차 못할 정도였는데 말이죠.

종종 전쟁이 벌어지기도 했습니다. 아델피의 전통을 어기고 문단 사이에 공백을 넣도록 설득하는 것은 쉽지 않은 일이었습니다(아델피에서 전통은 신성한 것이었거든요). 저는 자주 패배했습니다. 한번은 책 제목을 고대 그리스어로 하고 싶었지만, 통과되지 않았습니다.

그러나 결정은 함께했습니다. 그는 원고에 매우 지적이고 멀리 내다보는 비판을 제시했습니다. 로베르토가 편집한 저의 가장 최근 책《일반상대성이론Relatività generale》(2021년)은 일반 대중을 위한 책이 아니라 대학 교재입니다. 저는 이 책을 학술 출판사를 통해 영어로만 출판할 생각이었습니다. 하지만 로베르토는 이 책을 이탈리아어로 출판하기를 원했는데, 이는 아델피의 통상적 분야에서 완전히 벗어난 것이었습니다. 이를 위해 그는 새로운 시리즈를 기획했고, 원고를 아름다운 책으로 만들어줬습니다. 저는 이 책을 특별한 선물로 받아들였습니다. 정말이지 편집자에게 더 바랄 게 있을까요?

몇 년 전 저는 런던에 있는 출판사 펭귄랜덤하우스의 크고 환한 본사를 방문했습니다. 영국에서 가장 중요한 출판사 중 하나죠. 밀라노 중심가에 있는 작은 아델피 본사와는 완전히 다른 분위기였습니다. 아델피에서는 사람들이 아직도 깃펜으로 글을 쓰는 게 아닌가 궁금할 정도였거든요.

저는 똑똑하고 활기찬 영국인 직원들과 이야기를 나눴습니다. 그리고 그들의 생각에 이상적인 편집자가 누구인지 물었습니다. 그들은 주저 없이 "로베르토 칼라소"라고 답했습니다. 로베르토가 문화를 위해 해온 일에 대한 존경은 국경을 넘어서는 것이었습니다.

만약 제가 어릴 때 아델피의 책들을 읽지 않았다면, 저의 지적 세계는 달라졌을 것입니다. 당시 출판계는 가톨릭과 마르크스주의가 지배적이었습니다. 그 외에는 파스텔 톤의 다채롭고 매혹적인 형태이지만 내용은 늘 깊이 있는 다양한 책이 있었습니다. 지금도 이 책들은 유일하게 출판사 기준으로 분류되어 베로나와 마르세유에 있는 저의 서가에 꽂혀 있습니다.

이런 말을 해도 될지 모르겠지만, 펭귄랜덤하우스의 한 책상 위에는 아름다운 소년의 사진이 담긴 액자가 있었는데, 누군가 미소 지으며 그 소년이 어렸을 때의 로베르토라고 말했습니다.

당신이 그리울 거예요, 로베르토. 세상에는 당신 같은 사람이 필요해요. 용기 있게 시류를 거스르고, 지성과 호기심으로 충만하고, 답이 없는 질문으로 가득한 사람이요. 새로운 생각의 공간을 열 줄 알고, 생각이 자라고 퍼져나갈 수 있는 공간을 마련하기 위해 현실을 조직할 줄 아는 사람이요. 고마워요, 로베르토. 당신은 저와 많은 사람의 삶을 변화시켰어요.

지노 스트라다

<코리에레델라세라>, 2022년 3월 3일.

지노 스트라다Gino Strada의 《한 번에 한 사람씩Una persona alla volta》(2022년)도 모든 사람이 읽었으면 하는 책 중 하나입니다. 학교에서 꼭 읽혔으면 좋겠습니다. 이 책은 솔직합니다. 오늘날 우리가 직면한 가장 중요한 문제의 핵심을 파고들어 대처법을 간단하게 보여줍니다. 그러나 이 책은 불편하기도 합니다. 우리 눈앞에 무서운 광경을 보여주고, 우리가 잘못을 저지르고 있다고 알려주기 때문입니다.

이머전시는 긴급 상황에서 전쟁 부상자를 치료하는

단체입니다. 그런데 2021년 단체 설립자인 스트라다가 세상을 떠나며 이머전시에는 커다란 공백이 생겼습니다. 그는 생의 마지막 몇 달 동안 이 책을 조금씩 집필했습니다. 그의 파트너인 시모네타 골라Simonetta Gola가 집필과 편집에 참여하고, 가슴이 먹먹한 후기를 덧붙여 책을 완성했습니다.

이 책에서 스트라다는 전쟁 외과 의사의 삶, 직접적이고 파괴적인 폭력의 경험, 전쟁의 공포, 이머전시의 의미와 정신, 그리고 그의 행동주의를 이야기합니다. 이 책은 집단적이고 시민적인 정치적 헌신의 아름다움과 강렬함을 직접 겪은 세대에 대한 향수로 첫 페이지부터 저를 사로잡았습니다. 그 이후로는 전쟁이 낳은 고통이 페이지 곳곳에서 솟구쳐 오르는 것을 마주하게 됩니다. 스트라다에게 충격을 주고, 그로 하여금 삶의 방향을 바꾸게 만든 그 고통 말입니다.

스트라다는 명료한 이야기로 우리가 어디서 잘못했는지를 암시적으로 보여줍니다. 이것이 바로 이 책의 힘입니다. 계속 '우리 대 저들'의 관점으로 '우리' 자신을 보고, 양쪽('우리'와 '저들') 모두 서로를 비난하기만 하는 세상에서, 스트라다는 오직 고통받는 인간을 봅니다. '저들'이 얼마나 공격적이고, 악랄하고, 끔찍하고, 미개하고, 사악하고, 음흉하고, 악마적이고, 냉소적이고, 독재적이고, 파렴치한지를 끝없이 서로 이야기하는 서사에 빠진 세상에서, 스트라다는 아무 의미도 없이 서로를 쏘고 학살하고 불구로 만들고 고통을 퍼뜨리는 인간을 볼 뿐입니다.

우리는 스트라다처럼 세상 보는 법을 배워야 합니다. 다른 사람보다 강해지려고 계속 안달하는 대신, 우리 자신을 공통의 문제를 가진 하나의 인간 공동체 일부로 생각하는 법을 배워야 합니다. 항상 우리가 의로운 사람이라고 믿어야 합니다.

왜 우리는 항상 상대를 악마화하는 어리석은 수사에 사로잡힐까요? 우리는 정말 그렇게 눈이 먼 것일까요? 아니면 그저 거리낌도 한계도 없는 이기심으로 몇 푼 더 벌기 위해 고통을 뿌리는 것일까요? 어느 쪽이든 이 책은 우리에게 의문을 제기합니다. 수십 년 동안 우리가 만들어 사방에 던져온 폭탄으로 얼마나 많은 아이들이 더 희생되어야 할까요?

스트라다가 가지는 사고의 힘은 문제를 총체적으로 바라보는 넓은 정치적 시각의 명확함과 그의 헌신이 드러내는 극도의 구체성이 연결되는 것에서 비롯됩니다. 이머전시 병원에서 '한 번에 한 사람씩' 치료해 수천 명의 사람을 죽음과 고통으로부터 구해내는 것이 그의 구체적 헌신이죠.

스트라다는 이렇게 말합니다. "'그런데 이머전시는 탈레반을 치료하잖아? 적인데?' 그렇다. 우리는 탈레반도 치료한다. 우리는 인간이고, 인간은 다른 인간을 죽게 내버려둘 수 없기에 우리는 그들을 치료한다. 우리는 우리 문으로 들어오는 모든 사람과 마찬가지로 탈레반을 치료한다. 아무것도 묻지 않는다."

젊은 세대가 이 멋지고 자유로운 의사의 생각을 흡수할 수 있을까요? 모든 사람에게 맞서서라도, 모든 사람을 위해 자신의 길을 가는 이 사람의 생각을 받아들일 수 있을까요? 그가 전쟁이라는 광기와 적을 악마화하는 광기에서 우리를 벗어나게 할 수 있을까요? 제 또래의 많은 사람은 고개를 절레절레 흔들겠지만, 저는 그러기를 희망합니다.

시모네타는 책을 이렇게 끝맺습니다. "당신이 남긴 이 말로, 당신은 강력한 비전의 길을 계속 열어가고 있습니다. '유토피아는 아직 존재하지 않을 뿐이다.'"

릴리아나 카바니

<코리에레델라세라>의 <세테Sette>[1], 2023년 8월 25일.

영화 '비엔나 호텔의 야간 배달부Il portiere di notte'(1974년)를 보러 갔을 때, 저는 17세였습니다. 마치 총에 맞은 것 같은 충격을 받았죠. 전쟁, 나치즘, 폭력, 성, 위반, 죄, 복수, 죽음, 도주, 관습 탈피, 극단적 충동들 사이의 갈등처럼 가장 뜨거운 주제들을 다뤘기 때문은 아닙니다. 심지어 고혹적인 샬럿 램플링Charlotte Rampling 때문도

1 <코리에레델라세라>의 주간 부록. 문화, 정치 및 시사 문제를 다룬다.

아니었습니다.

아마도 그때는 말할 수 없었을지도 모릅니다. 하지만 분명 그것은 당시 제가 빠져들던 문화의 한 부분이었습니다. 그보다 몇 년 전, 릴리아나 카바니Liliana Cavani가 '더 캐니벌스I cannibali'(1970년)라는 원석 같은 영화에서 노래한 것과 같은 문화입니다.[2]

많은 해가 지난 지금, 저는 이 영화에서 더 많은 것을 봅니다. '비엔나 호텔의 야간 배달부'는 누구도 감히 말하지 못한 것을 말하고, 모든 위선을 드러내며, 영혼 깊은 곳으로 직행합니다. 이념, 죄책감, 도덕, 사회적 역할이 더 이상 아무것도 아닌 곳으로 말입니다.

세상의 거대한 위선을 받아들이지 못하는 고민 많은 10대 소년에게 이 영화는 순수한 진실로 빛났습니다. 그 이후 샬럿이 저에게 혼란스러울 정도로 환상적

---

2 '비엔나 호텔의 야간 배달부'와 '더 캐니벌스'가 개봉한 1970년대 이탈리아는 '납의 시대Anni di piombo'로 불리는 정치적 폭력과 혼란 속에서 반문화가 번영했다. 이 시기 반문화 운동은 권위에 저항하며 자유로운 자기표현을 추구했다. 각각 나치즘과 전체주의라는 억압적 사회체제에서 자유를 추구하는 개인의 모습을 그린 두 영화는 이러한 시대정신과 부합하는 면이 있다.

인 존재가 되었다면, 릴리아나는 멀리서나마 항상 저의 진정한 신화처럼 느껴졌습니다.

저는 릴리아나의 이후 필모그래피를 통해 우리 영혼 깊은 곳에 있는 본질적인 것을 찾는 탐색을 계속했습니다. 사실 저는 영화를 아주 좋아하지는 않습니다. 대부분의 영화는 단지 2시간쯤 기분 전환을 위한 오락거리로 만들어지는 것 같은데, 저는 오락을 즐기는 편이 아니기 때문입니다. 그렇게 보내기에는 인생이 너무 빨리 지나가버리니까요. 저는 새로운 것을 보여주고 틈을 열어주는 영화를 좋아하는데, 릴리아나의 영화가 바로 그런 영화였습니다.

릴리아나를 길잡이로 삼는 저에게 누군가 "릴리아나 카바니가 당신 책을 영화로 만들고 싶다고 했어요"라고 말했을 때, 저의 기분이 어땠을지 상상할 수 있을 것입니다. 그냥 제가 쓴 아무 책이 아니었습니다. 저의 가장 내밀하고 실존적인 책《시간은 흐르지 않는다》를 영화로 만들고 싶다는 것이었습니다. 상대성이론, 열역학, 양자 공간에 대한 대중과학서라고는 하지만, 그래서 오히려 삶의 의미와 유한성의 자각에 대한 저의 주절거림이 담긴 책을 말입니다.

릴리아나는 제가 넌지시 말하려던 바를 파악하고 영화로 만들고 싶었던 것일까요? 하지만《시간은 흐르지 않는다》같은 책을 영화로 만들 수는 없을 듯했습니다. 캐릭터도 없고, 이야기도 없고, 영화적 요소가 전혀 없는 책이었거든요.

릴리아나의 집을 처음 찾아갔을 때 저는 긴장하고 있었습니다. 테베레강에서 멀지 않은 멋진 집은 로마에서 가장 아름다운 골목 중 하나에 있었습니다. 천장이 높고 책이 가득한 넓은 방에서는 고풍스러운 향이 났습니다. 우리는 말을 많이 하지 않았습니다. 릴리아나는 파올로 코스텔라와 함께 쓰던 대본의 초기 버전을 타자한 원고를 저의 손에 쥐여줬습니다. 파올로도 우리와 함께 있었는데, 그는 세심하고 지적이며 다정한 사람이었습니다.

저는 원고를 단숨에 읽고 깜짝 놀랐습니다. 책과 전혀 다른 이야기였습니다. 친구들이 있고, 바닷가에 집이 있고… 맞아요, 물리학자도 한 사람 있는데 저와 닮은 면이 조금 있습니다. 물리학과 관련된 사건이 있고, 상대성이론과 막연하게 관련된 복잡한 배경이 있지만, 이야기는 독립적이었습니다.

책의 역할은 무엇이었을까요? 왜 릴리아나는 저에게 시나리오 공동 작업을 요청했을까요? 저는 그런 것들에 전혀 창의성이 없고, 타자된 원고의 대화에서 시각적 장면을 상상해낼 줄도 모르는데요. 하지만 처음부터 전부 다시 읽으니 대화 뒤에 있는 것이 보이기 시작했습니다.

저는 대본 작성에 작게 기여했습니다. 촬영을 보러 세트장에 가서 멋진 배우들과 이야기를 나누고, 그들의 연기력과 화합과 관대함에 매료되고, 제가 너무 끼어들어 장면에 영향을 주려고 할 때마다 릴리아나가 저를 쫓아내고, 함께 영화의 마법을 창조하는 특별한 인물들과 담소를 나눴죠.

그리고 마침내 완성된 영화의 1차 편집본을 봤을 때, 저는 눈물이 나도록 감동했습니다. 삶, 죽음, 시간, 인간의 고독, 인간관계의 진실에 대한 깊은 이야기의 실마리를 다시 발견했기 때문입니다. 저에게 릴리아나의 영화는 언제나 그런 것이었습니다. 위선, 차이, 죄책, 이데올로기를 넘어선 것이었죠.

영화는 실존적 상황, 시간 밖의 현재, 우리의 궁극적 질문으로 직행합니다. 사건들의 이상한 조합 때문에 작은 무리의 친구들이 바닷가 작은 집으로 모여들고, 이 집은 '노아의 방주'처럼 됩니다. 우리가 별들 사이로 발사된 지구라는 이 우주선에 잠시 함께 있다는 사실을 떠올릴 때처럼요.

저는 더 이상 오래전 그때의 17세가 아닙니다. 릴리아나는 더 이상 '비엔나 호텔의 야간 배달부' 때의 길들일 수 없는 반항자, 절대주의자, 위반자, 거친 청년이 아닙니다. 아직 미완이지만, 지금 인생을 바라보는 릴리아나의 시선은 훨씬 평온합니다. 그러나 그 시선은 변함없이 깊고 모든 위선 너머에 있습니다.

삶은 현재 안에서, 모든 관습 너머에서, 시간이라는 다양하고 복합한 구조 속에서 여전히 타오르고 있습니다. 우리를 정의하는 기억의 시간, 우리를 끌어당기는 욕망의 시간, 우리가 항상 있는 영원한 현재의 시간에서 말입니다.[3]

3 《시간은 흐르지 않는다》는 영화로 제작되어 2023년 같은 제목으로 개봉했다.

브루네토 라티니, 단테, 가우스, 아인슈타인

<코리에레델라세라>의 <라레투라>, 2021년 2월 28일.

최근 저는 일반상대성이론에 관한 짧은 책의 집필을 마쳤습니다. 미국과 프랑스에서 가르친 강의를 토대로 몇 년 동안 작업해온 책이었습니다.

아인슈타인의 위대한 이론인 일반상대성이론은 최근 몇 년 동안 신문의 머리기사에 종종 등장했습니다. 중력파, 블랙홀, 최근의 몇몇 노벨상 수상 등의 소식과 함께 말입니다. 하지만 그 이론의 수학은 대중적으로 알려져 있지 않습니다. 그것을 가르치거나 소화할 때 어려운 점은 '굽은 공간'이 무엇인지를 명확히 하는 것입니다. 우리는 모두 굽은 표면이 어떤 것인지, 가령 오렌지의 표면이 어떤지는 알고 있습니다. 그러나 우리가 들어 있는 공간이 굽어 있다는 것은 도대체 무엇을 의미할까요?

굽은 공간을 생각할 수 있는 가능성은 독일의 위대한 수학자 카를 프리드리히 가우스의 뛰어난 수학적 아이디어에서 비롯되었습니다. 19세기 전반에 살았던 가우스의 아이디어는 '바깥쪽에서'가 아니라 '안쪽에서' 바라보며 표면의 기하학을 생각하는 것입니다. 즉, 표면을 따라 움직일 때 어떤 일이 일어나는지 기술하는 것입니다. 굽은 공간도 이런 논리를 통해 이해할 수 있습니다.

이런 식으로 생각한 굽은 공간의 예는, 의외로 널리 알려진 시인 단테 알리기에리가 쓴 《신곡》의 〈천국〉편에서도 찾아볼 수 있습니다. 〈천국〉에 묘사된 우주의 형태는 수학자들에게 잘 알려진 곡면 공간인 3-구[1]입니다.

---

1 일상에서 접하는 3차원의 공보다 한 차원 높은 형태를 생각하면 된다. 2-구는 3차원 공의 2차원 표면을 가리키고, 3-구는 4차원 공의 3차원 표면을 가리킨다.

단테로부터 6세기 후, 아인슈타인은 우주가 정확히 3-구 형태일 수 있다고 다시 생각했습니다. 오늘날 현대 우주론에서는 이것이 현실적 가능성으로 여겨지고 있습니다. 몇 년 전 어느 일간지 문화면에 실린 글에서, 저는 탁월한 시인의 시적 상상력과 위대한 현대 과학자의 과학적·수학적 상상력 사이의 이 놀라운 일치에 대해 이야기한 적이 있습니다.

하지만 그 글이 신문에 실린 덕분에 독서 여행의 길을 걷게 되리라고는 전혀 예상하지 못했습니다. 유쾌하고 박식한 중세 학자 브루네토 라티니Brunetto Latini를 거쳐 수학의 왕자 가우스, 아인슈타인 수학의 핵심으로 가는 이 여정에 대해 들려드리겠습니다.

모든 일은 저의 글이 게재된 후, 한 단테 학자로부터 받은 반론에서 비롯되었습니다. 단테는 〈천국〉에서 베아트리체와 함께 지구를 둘러싼 '하늘'을 하나하나 거쳐 가장 높은 곳까지 올라갑니다. 아리스토텔레스에게 세상은 거기서 끝납니다. 우주는 가장 높은 하늘, 즉 우주의 가장자리로 둘러싸인 큰 공입니다.

아리스토텔레스 우주의 가장자리에 도착한 단테는 위에서부터 오는 빛이 사랑하는 여인의 눈에 비치는 것을 봅니다("사랑이 밧줄로 만들어 나를 사로잡았던 아름다운 눈을 보며"). 그는 놀라움에 고개를 들어 그 빛이 어디에서 오는지 보고, 장엄한 광경을 목격합니다.

빛의 한 점이 거대한 천사들의 구체에 둘러싸여 있습니다. 단테는 제30곡에서 그 빛의 점에 대해 이렇게 말합니다. "그것이 둘러싸는 것에 의해 둘러싸인 것처럼 보인다." 이 웅장한 천상의 회전목마는 어디에 있을까요? 제가 본 교과서에서는 아리스토텔레스 우주 옆에 그려져 있었습니다. 어떤 주석자들은 그것이 '영적' 장소에 있다고 말합니다.

하지만 단테는 그것이 아리스토텔레스 우주를 둘러싸고 있다고 말합니다. 그러나 그것은 아리스토텔레스 우주에 둘러싸여 있기도 합니다. 그런 게 가능하냐고요? 아인슈타인의 우주론을 연구한 물리학자나 가우스와 리만의 기하학을 연구한 수학자에게는 익숙한 형태입니다. 바로 3-구인 것이죠.

그러나 단테 학자의 반론은 이러한 해석을 무너뜨리는 것이었습니다. 그 학자는 《신곡》에서 단테가 이야기한 것이 '구'가 아니라 '원'이라고 지적했습니다. 그에 따르면, 단테는 중심이 같은 '구'들이 아니라 평평한 '원'들을 염두에 뒀다고 합니다. 확인해보니 실제로 단테는 '원cerchi'이라는 단어를 사용했습니다. 하지만 항성천恒星天을 포함한 여러 하늘이 '구'가 아니라 '원'이라고 생각할 정도로 단테의 기하학적 상상력이 제한적이었을까요? 저는 할 말을 잃었습니다.

그래서 조사에 착수했습니다. 단테는 천문학에 대해 무엇을 알고 있었을까요? 그렇게 저는 브루네토에 이르렀습니다. 단테는 〈지옥〉에서 그에 대해 남다른 애정과 존경심을 담아 이야기합니다. 이례적으로 '그대'와 '님'이라는 호칭을 쓰고("그대 여기 계신가요, 브루네토 님?"), 조금 뒤에는 "다정하고 어진 아버지의 모습인 그대는 세상에 계셨을 때 언제나 나에게 사람이 어떻게 영원하게 되는지를 가르치셨죠"라고 말합니다. 브루네토 역시 애정으로 가득한 '너'로 답합니다("오, 내 아들아…"). 브루네토는 단테에게 지식의 핵심 원천이었던 것이 분명합니다.

브루네토는《보배의 서Li livres dou tresor》라는 제목의 매혹적 책을 우리에게 남겼습니다. 중세 지식이 망라된 백과사전 같은 책으로, 이탈리아어와 프랑스어의 중간쯤 되는 맛깔나는 언어로 쓰인 작품입니다. 저는 그 책을 매우 즐겁게 읽었습니다. 마치 중세 지식의 동화 속 나라로 여행을 떠나는 기분이었습니다. 저는 단서를 찾아 헤맸고, 마침내 발견했습니다. 브루네토가 묘사한 우주가 곧 단테가 묘사한 우주였습니다. 실제로 브루네토도 하늘을 얘기할 때 '원cercle'을 사용했습니다. ('동그라미ronde'라고 더 자주 말하기도 했습니다).

그러나 한 대목에서 브루네토는 그 말이 무엇을 의미하는지 명확히 밝힙니다. 가장 바깥쪽 하늘에 대해 그는 "그것과 세계의 관계는 마치 달걀 껍데기가 내용물을 둘러싸 담고 있는 것과도 같다"라고 썼습니다. 따라서 여기서 'cercle' 'ronde' 'cerchio' 등의 단어가 글자 그대로 '원'이 아닌 '구'를 가리킨다는 것은 의심할 여지가 없습니다. 껍데기이지, 고리가 아닙니다. 단테의 직관적 기하학은 입체적이고 현실적이지, 평면적이지 않습니다.

브루네토의 책을 계속 읽으며 정말로 놀란 대목이 있습니다. 책의 어느 장에서 그는 지구가 둥글다고 설명합니다. 여기까지는 놀랄 것이 없죠. 아리스토텔레스부터 토마스 아퀴나스까지, 모든 고대 및 중세 문헌에도 그렇게 쓰여 있으니 말입니다(아퀴나스는 《신학대

전》의 맨 처음에 '지구는 둥글다'라고 썼죠).

정말로 놀란 것은 브루네토가 지구가 둥글다고 설명하는 방식이었습니다. 가령 그는 "멀리 날아가 지구를 바라본다고 상상해보라. 그러면 지구가 오렌지 같은 모양이라는 것을 알 것이다"라고 쓰지 않습니다. 그는 완전히 다른 이야기를 합니다. "말을 타고 계속 같은 방향으로 달리는 기사를 상상해보라. 만약 산과 바다가 없다면 그는 달리고 또 달려 출발점으로 돌아올 것이다" 또는 "두 기사가 서로 반대 방향으로 달린다고 상상해보라. 만약 산과 바다가 없다면 두 기사는 같은 지점, 즉 지구 반대편의 대척점에서 만날 것이다"라고 말합니다.

왜 브루네토는 지구가 둥글다고 설명할 때 이런 희한한 방법을 사용했을까요? 왜 그는 지구가 오렌지 같은 모양이라고 쓰지 않았을까요? 저의 추측은 이렇습니다. 집어 든 오렌지를 상상해보세요. 조약돌을 오렌지 위에 놓으면 거기 그대로 있지만, 조약돌을 오렌지 아래에 놓으면 밑으로 떨어집니다. 오렌지는 겉면에 위와 아래가 있는 것이죠. 하지만 지구는 그렇지 않습니다. 지구에서 아래란 늘 지구를 향하는 쪽입니다. 말을 타고 달리는 두 기사의 아래는 항상 발밑에 있습니다. 따라서 오해의 소지가 있는 오렌지의 예보다 기사들의 예가 정확한 것이죠.

이유가 무엇이든 중요한 사실은 같습니다. 브루네토가 단테에게 지구 표면의 기하학적 구조(수학에서는 2-구라고 부르는)를 안쪽에서 생각하게 가르친 것입니다. 즉, 지구 표면에서 움직이는 사람들의 경험을 생각하게 한 것이죠. 달에서 지구를 바라볼 때처럼 멀리서 지구를 바라보는 것이 아닙니다.

기억하나요? 이것이 바로 가우스의 위대한 아이디어입니다. 기하학을 바깥쪽이 아닌 안쪽에서 묘사하는 것이죠. 수학에서는 이를 '기하학의 내재적 정의'라고 부릅니다. 즉, 해당 기하학적 구조에서 선들의 길이로만 정의되는 기하학입니다. 이로써 단테가 어떻게 3-구를 생각할 수 있었는지가 갑자기 명확해집니다. 정확히 브루네토의 텍스트에 올바른 개념적 도구가 들어 있습니다. 지구 표면의 기하학을 내재적으로, 즉 그 위에서 움직이는 사람들에게 어떤 일이 일어나는지를 기술하는 것입니다.

이제 지구 표면(2-구)에서 우주(3-구)로 일반화하는 것은 그리 어렵지 않습니다. 우주는 기사가 하늘을 나는 말을 타고 계속 직진하면 출발점으로 되돌아오는 공간, 서로 반대 방향으로 하늘을 나는 두 기사가 우주의 반대편 대척점에서 만나는 공간입니다. 두 기사가 지구에서 하늘로 올라갈 때, 어느 방향으로든 위쪽으로만 계속 올라가면 둘은 같은 지점에 도착합니다. 천사들에 둘러싸인 빛의 지점, 지구의 대척점에 도착하는 것입니다.

피렌체의 산 조반니 세례당으로 가봅시다. 단테는 1302년 애증을 품고 있던 이 도시에서 추방되기 전, 성당 장식이 완성되는 동안 이곳을 자주 방문했을 것입니다. 여느 피렌체 사람들이 그랬던 것처럼 그도 이 위대한 건축물에 깊은 인상을 받았을 것입니다. 안으로 들어가볼까요? 피렌체 화가 코포 디 마르코발도Coppo di Marcovaldo가 디자인한 그로테스크하고 환상적인 모자이크 지옥도는 단테가 영감을 얻은 원천이라고 자주 일컬어져왔습니다.

하지만 위를 보세요. 그곳에는 아홉 계급의 천사들로 둘러싸인 빛의 점이 있습니다. 단테가 우주의 대척점에 있다고 말한 것과 똑같습니다. 이제 자신을 바닥에 있는 작은 개미라고 생각하고 아무 방향으로나 가 보세요. 어느 방향으로 가든 벽을 기어오르게 되고, 어떻게든 결국에는 꼭대기에 있는 빛의 지점에 도착하게 될 것입니다.

따라서 그 빛은 모든 방향에 있는 것입니다. 모든 것을 둘러싸고 있는 것입니다. 그러나 동시에 그 빛은 천사들의 원으로 둘러싸여 있습니다. '둘러싸고 있는 것에 의해 둘러싸인' 것입니다. 단테는 이 닫힌 구형의 기하학을 가능한 모든 방향을 향해 우주 전체로 확장했을 뿐입니다.

쉽죠? 시적이고 기하학적인 상상력, 탁월한 과학적 지성, 당대의 모든 지식을 아우르는 광범위한 교양을 지닌 위대한 시인에게는 그렇습니다. 우리가 사용하는 언어의 역사에서 시작점에 서 있는 최고의 시인이 떠난 지 700년이 되어도, 그의 〈천국〉은 만화경 같은 하늘을 가득 채우는 다채로운 빛과 지성으로 빛나고 있습니다.

존재자의 존재

<코리에레델라세라>의 <라레투라>, 2020년 12월 6일.

저는 잘 알지 못하는 분야의 어려운 책에 빠져 여름을 보냈습니다. 93년 전에 출간된, 독일 철학자 마르틴 하이데거의 주요 저작《존재와 시간Sein und Zeit》(1927년)이라는 책입니다. 이 책과 씨름하게 된 계기는 하이데거에 대해 몹시 상반된 판단들을 접한 것입니다.

유럽에서는 하이데거가 지난 세기의 주요 사상에 영감을 준 위대한 철학자로 소개되었습니다. 그러나 제가 미국에서 접한 앵글로색슨 철학계의 일부에서는 하이데거를 '알아들을 수 없는 말을 하는 엉터리 철학자'

로 여겼습니다. 그 차이가 너무 극단적이어서 제 눈으로 직접 확인하고 싶은 호기심을 참을 수 없었습니다.

그러나 몇 가지 이유로 하이데거에게 접근하기가 어려웠습니다. 첫 번째는 몇 년 전 출간된 그의 《검은 노트Schwarze Hefte》(2014년)[1]에서 드러난 히틀러 프로젝트에 대한 노골적 지지와 음침한 반유대주의가 끔찍했던 것입니다. 두 번째는 이해시키려는 노력을 전혀 하지 않는 듯한 복잡하고 장황한 문체였습니다.

하지만 그러한 어려움은 극복할 수 있었습니다. 싫어하는 사람이 흥미로운 말을 할 수도 있고, 하이데거의 문체도 그렇게까지 모호하지는 않았습니다. 이 책은 같은 아이디어를 여러 번 반복하기에, 조금 지나면 방향이 잡히기 시작합니다. 두 번째 읽을 때는 나름 따라갈 수 있었습니다.

어쨌든 저는 내용을 따라가는 것 같았습니다. 그 정도면 저에게 충분합니다. 제가 텍스트에서 흥미를 느끼는 것은 그것이 우리에게 얼마나 많은 것을 전달하

1 하이데거가 1930년대와 1940년대에 작성한 개인적 노트들로, 그의 사상적·철학적 발전이 담긴 책이다.

는지, 즉 우리에게 영향을 주고 추가하고 수정하고 반론하고 질문해 사고를 풍요롭게 할 수 있는지, 그리고 그것을 우리가 얼마나 많이 흡수할 수 있는지이기 때문입니다.

반면에 저자가 진짜로 의도한 바가 정확히 무엇인지는 별로 흥미롭지 않은 문제입니다. 우리는 다른 사람의 생각을 다 알 수 없기에 결국 아쉬운 상태로 남을 수밖에 없습니다. 그렇다고 제가 다른 사람의 말을 듣거나 책을 읽으며 배우는 일에 관심이 없다는 뜻은 아닙니다.

《존재와 시간》과 친해질 때 진짜 어려운 것은 오히려 다른 곳에 있었습니다. 물리학을 연구하는 제가 서 있는 철학적 관점이, 하이데거가 말하고 있는 철학적 자리와 근본적으로 달랐던 것입니다. 하이데거는 이 책에서 2,000년의 서양철학을 우회해 형이상학을 처음부터 다시 시작하고 싶다고 말합니다.

하지만 사실 하이데거는 시대의 아이였고, 프랑스 철학자 르네 데카르트와 이마누엘 칸트의 사상에서 이어지는 위대한 독일 관념론의 커다란 영향 아래에 있었습니다. 이 때문에 특히 인식이라는 주제가 철학적 사변의 중심에 놓여 있었습니다.

저에게는 이러한 관점이 그다지 흥미롭지 않습니다. 왜냐하면 저는 과학적 사고를 지배하는 자연주의를 받아들이기 때문입니다. 이 입장에서 주체는 자연의 작은 한 부분, 사물들의 거대한 놀이에서 아주 주변적인 부분일 뿐입니다.

우리가 거기에 관심을 가지는 것도 그것이 우리에게 영향을 미치기 때문일 뿐입니다. 반대로 하이데거에게 실재는 무엇보다도 '인식하고, 살고, 존재하는 개별 주체(우리 각자)의 직접적 경험으로서 마주하게 되는 것' 입니다.

제가 이해하기로 《존재와 시간》의 바탕에 있는 직관은 그러한 직접적 경험이 세상에 대해 알 수 있는 정보의 원천일 뿐만 아니라, 그러한 경험 덕분에 '현존재' 또는 '실존'이라는 의미에서 존재한다는 것이 무엇을 의미하는지 이해할 수 있다는 것입니다. 우리가 존재의 의미를 이해할 수 있는 것은 우리가 실존하기 때문이며, 실존한다는 것이 존재의 의미를 이해한다는 것이기 때문입니다.

이 점에서 하이데거는 데카르트나 칸트, 독일 관념

론으로부터 급진적으로 도약합니다. 이들은 존재한다는 것의 의미는 명백하다고 가정했고, 오히려 존재한다는 것을 우리가 어떻게 알 수 있는지를 물었습니다. 그래서 인식 주체로서의 우리 자신에 관심을 기울였죠.

그러나 하이데거는 존재한다는 것의 의미를 당연히 여기지 않았고, 물음을 던지는 우리 자신에서 시작해 증거를 찾는 데카르트의 행보를 반복했습니다. 그런데 그 물음은 데카르트처럼 우리가 확실히 알 수 있는 것이 무엇인지에 대한 물음이 아니었습니다. 더 급진적인 형태의, 존재가 무엇을 의미하는지에 대한 물음이었습니다.

이 첫 단계(우리 자신에서 시작하는 물음)는 존재의 의미에 대한 이해를 존재가 무엇을 의미하는지 묻는 사람의 실존으로 환원합니다. 따라서 존재에 대한 이해는 인간의 현존재로 되돌아갑니다. 하이데거의 복잡한 언어를 사용하자면, 그가 탐구하는 존재는 존재에 대한 물음을 묻는 존재자의 현존재, 즉 인간적 존재의 현존재인 것입니다.

접근 방식의 이러한 차이를 다음과 같은 단순한 이

미지로 환원할 수 있겠습니다. 과학자인 제가 보는 실재란 이렇습니다.

거대한 우주의 수많은 은하 중, 어떤 은하의 가장자리에 있는 어떤 별 근처에서 생물권이 성장했습니다. 그 안에는 감각이 있는 유기체와 인간이 있으며, 이 인간들은 복잡한 문화 체계와 세계에 대해 성찰할 수 있는 풍부한 능력을 발전시켰습니다. 이것이 제가 보는 실재입니다.

반면에 하이데거가 보는 실재는 직접경험을 지닌 개별 인간, 즉 자신과 관련 있는 것들로 이뤄진 주위 세계와 상호작용하며 실존하는 존재입니다. 짧게 정리하면, 저는 저의 경험을 세계의 한 측면으로 생각하지만, 하이데거는 세계가 자신의 경험으로부터 보이는 것으로 생각합니다. 시작점이 이보다 더 다를 수는 없을 것입니다.

하지만 (제가 이 글에서 말하고 싶은 것은 바로 이것입니다) 이러한 관점들은 같이 갈 수 없는 것일까요? 그렇다면 왜 그런 것일까요? 제가 보기에는 둘 다 정당한 것 같습니다. 저는 둘 사이에 모순이 없다고 생각합니다. 그것들은 생각을 시작하는 다른 방식입니다. 마치 두 사람이 집을 묘사하려는데, 각자 다른 두 문으로 들어온 것과 같습니다.

비록 시작점이 다르더라도 각자의 설명을 상대방의 방식으로도 이해할 수 있습니다. 존재에 대한 물음을 묻는 존재자의 존재에 기대 존재를 이해하려는 하이데거의 노력과, 바로 이 존재(인간)가 자연의 거대한 놀이에서 사소한 작은 부분이라는 자연주의 사이에는 모순이 없는 것 같습니다.

이렇게 말하고 보니, 제가 이미 이 철학자의 뜻을 분명히 배신한 것 같습니다. 어쩌면 그는 즉시 저의 말을 막고, 경멸의 눈으로 저를 바라보며, 그의 인종주의에 대한 저의 경멸을 돌려줄지도 모르겠습니다. 아니면 그러지 않고, 그도 흥미를 느끼고 관심을 가질지도 모르겠습니다.

어쨌든 이것이 제가 《존재와 시간》을 읽으며 도달한 관점입니다만, 일부 독실한 하이데거주의자들은 저의 이러한 관점에 부들부들 떨 것 같습니다.• 하지만 저는 철학 시험을 통과해야 하는 것도 아니고, 지금 제 나

• 실제로 그렇게 되었다.

이면 원하는 대로 생각을 시도해봐도 괜찮을 것 같습니다.

요점은 이제《존재와 시간》이 저에게 특별히 흥미로워졌다는 것입니다. 이 책은 주체에게 자신을 드러내는 실재에 대한 진정한 탐구이기 때문입니다. 예를 들어, 주체와 외부의 관계를 이해하기 위해서는 서양의 철학적 전통이 해온 것처럼 인식에만 집중해서는 안 된다는 하이데거의 주장에 저는 납득되었습니다. 중요한 것, 정확히 말해 주체에게 중요한 것은 다른 것입니다.

'외부' 세계는 단지 저기 밖에 있다고 우리 주체에게 그저 보이는 대상이 아닙니다. 그것은 우리가 마음 쓰는 것, 우리와 관련 있는 것으로 이뤄져 있습니다. 우리와 관련 없이 저기 밖에 있는 것들은, 관련 있는 것들에 비하면, 우리에게 찌꺼기 또는 폐물일 뿐입니다. 이것은 예리하고 비범한 직관입니다.

왜냐하면 자연주의적 관점에서 출발하면 주관성을 이해하기 위해 노력이 필요하기 때문입니다. 자연주의적 관점에서 볼 때 주관성은 시작점으로 주어진 것이 아니라 생물학적 유기체의 기능, 특히 우리가 아직 거의 이해하지 못하는 뇌의 기능인 복잡한 과정의 결과물입니다.

이를 이해하기 위해 우리는 흔히 주관성의 인지적 측면에 초점을 맞춰왔습니다만, 제 생각에는 너무 치우친 것 같습니다.《존재와 시간》은 훨씬 흥미로운 관점을 열어줍니다. 주체와 세계의 관계를 수립하는 것은 인지적 측면이 아니라 주체와의 관련성이라는 것입니다.

생물학은 이러한 관련성을 자연주의적으로 환원할 수 있습니다. 이것이 바로 다윈주의 혁명의 심오한 철학적 결과입니다. 생물학적 유기체를 만들어내는 일련의 과정의 특징은 실제로 생존과 번식을 결정하는 측면을 가진다는 것입니다. 이 측면들이 관련성을 정의합니다. 이러한 관련성, 또는 하이데거의 용어로 '염려 cura'가 주체와 세계의 관계를 수립합니다.

주체의 문을 통해 실재의 방으로 들어가는 하이데거에 따르면, 세계는 그런 식으로 자신을 우리에게 드러냅니다. 제가 보기에 그것은 어떻게 세계 속에 주체가 나타나는지를 이해하는 아주 예리한 시사점입니다. 다윈의 관련성과 하이데거의 염려는 주체와 세계의 구별을 제거하는 관계입니다.• 이러한 점에서 세계는 '타자'가 아니며, 하이데거가 주체의 '세계-내-존재'라고 부르는 것을 구성합니다.

《존재와 시간》의 마지막에는 시간에 대한 이야기가 나옵니다. 하이데거는 두 가지 일을 합니다. 일단 그는 시간을 그 자체로 실재하는 것으로 보는 뉴턴의 관점에 의문을 제기하고, 시간을 사건의 도래로 해석합니다. 그리고 하이데거에게 사건은 경험되는 것이기에 그는 시간을 체험된 시간으로 환원합니다.

시간을 사건의 도래에 환원하는 것이 독창적 아이디어는 아닙니다. 그것은 뉴턴 이전의 시간 개념으로, 하이데거가 잘 아는 아리스토텔레스에서도 찾아볼 수 있습니다.

한편, 과학도 같은 단계를 거쳤습니다. 뉴턴의 실체로서의 시간 개념은 일반상대성이론의 물리학에 의해 대체되었고, 사건들의 연속이라는 시간 개념으로 돌아

• 나의 논문에서 이 주제를 발전시켰다. *Meaning and Intentionality = information + Evolution*, in A. Aguirre, B. Foster, Z. Merali (eds), *Wandering Towards a Goal*, Springer 2018, arXiv:1611.02420.

가 아리스토텔레스와 가까워졌습니다. 여기까지는 아직 특별히 흥미로운 것이 없습니다.

그러나 시간의 경험적 측면, 특히 주체로서 우리가 겪는 경험의 시간적 측면에 초점을 맞추는 것은 저에게 매우 흥미로웠습니다. 현재 일부 신경 과학에서는 의식의 순간적 상태를 가지고 주관성의 기저에 있는 메커니즘을 이해하려고 시도하는데, 저는 그러한 시도에 본질적 요소가 빠져 있다고 확신했기 때문입니다. 우리의 의식과 주관성은 상태가 아니라 과정입니다. 우리는 '시간-내-존재'입니다. 우리는 알기 전에 감정을 느끼고 있습니다.

철학은 늘 발상과 관점의 놀라운 원천입니다. 조심스레 의견을 말해보자면, 많은 철학의 한계는 개별적 관점을 근본적 관점으로 착각하고, 궁극적 확실성과 토대를 추구한다는 점에 있는 것 같습니다. 절대적 시작점을 찾으려는 야망이라고나 할까요? 그러고 나면 다음 세대가 거기에 의문을 제기합니다. 저로서는 궁극적 토대를 찾는 일이 흥미롭지 않다고 생각합니다. 도대체 '근본적'이라는 것은 무엇을 의미할까요? 그것은 어떤 관점을 취하는지에 따라 다릅니다.

하이데거에게는 어떤 심오한 분위기를 형성하려는, 그러니까 말로 할 수 없는 경험을 암시함으로써 궁극적 뿌리를 찾으려는 면모도 있습니다. 마치 철학의 샤먼 같습니다. 많은 샤먼에게 매혹된 어리석은 이들이 있으며, 사물을 그런 식으로 보고 싶은 유혹도 강하게 듭니다.

책을 읽으며 히틀러와 반유대주의 인종차별을 떠올리지 않기가 어려웠습니다. "자기 자신을 지시하는 이해가, 존재자를 관련성이라는 존재 방식에서 마주치게 하는 그 방향에서 이뤄질 때, 그 이해가 이뤄지는 자리가 바로 세계라는 현상이다"와 같은 구절에서 헤어나는 것도 쉬운 일이 아니었습니다.

그러나 이 책은 예리한 아이디어로 가득 차 있으며, 그 매력도 이해됩니다. 존재의 개념에서 시작해 모든 것을 거슬러 올라가 다시 존재로 돌아오는, 삶에 대한 직접적 설명으로서의 철학과 실존의 경험에 대한 극도의 집중이 주는 매력 말입니다. 바깥쪽이 아니라 안쪽에서 경험하는 실재. 아름다운 지적 모험.

저의 소견으로, 제한된 관점은 아직 남아 있습니다. 자신을 세계의 중심이라고밖에 생각할 줄 모르는 작은 존재의 제한된 관점 말입니다.• 마치 자신이 세상의 중심이 아니라는 사실을 깨닫지 못한 외동아이와도 같습니다.

다른 인간도 존재합니다. 동물도 있습니다. 그리고 식물과 산, 별과 은하도 있습니다. 만일 이 모든 것이 확실히 내 존재의 일부라면, 나는 더욱 전체의 일부인 것입니다.

• 글이 게재되었을 때, 이 문장과 관련해 예상치 못한 일이 생겼다. 내가 말한 '작은 존재'는 분명히 인간 일반을, 우주 앞에서 작은 존재인 우리 각자를 가리킨다. 그런데 일부 하이데거 철학자들은 '작은 존재'를 하이데거에 대한 모욕으로 해석하고 불쾌감을 드러냈다. 묘한 일이다.

태양은 얼마나 멀리 있을까?

<라레푸블리카 la Repubblica>[1], 2011년 9월 27일.

《주비산경周髀算經》은 기원전 3세기경 완성된 가장 오래된 중국 수학 교과서 중 하나입니다. 특히 이 책에서는 남쪽으로 갈수록 태양의 높이가 변한다는 사실에 대해 논의하고 있습니다(팔레르모에서는 밀라노보다 태양이 더 높이 있습니다). 그리고 지구가 평평하다는 생각에 근거해 태양이 우리 머리 위로 약 1만 리, 즉 수천 킬로미터

1 <코리에레델라세라>에 이어 이탈리아에서 두 번째로 큰 종합 일간지로, 로마에 본사를 두고 있다.

떨어져 있다고 계산합니다.

비슷한 시기에 이집트 알렉산드리아 도서관의 관장 에라토스테네스도 같은 관측을 했지만, 태양의 높이 변화는 지구가 둥글기 때문이라고 해석했습니다. 그는 태양이 매우 멀리 떨어져 있으며, 지구의 둘레는 25만 2,000스타디아, 즉 4만 킬로미터라고 결론 내립니다. 우리 교과서에 기록된 것과 같은 크기죠.

중국 한나라의 문화적 맥락은 헬레니즘 시대 지중해와 매우 다르며, 다른 두 문화는 같은 관측에 대해 서로 다른 해석을 내립니다. 서양에서는 지구를 구형으로 (단테를 떠올려보세요), 태양을 멀고 크게 상상합니다. 반면에 중국에서는 지구를 다소 평평한 것으로, 태양을 가까이 있는 공처럼 생각합니다.

오늘날 퍼져 있는 주장 중의 하나는, 문화적 맥락이 서로 다르면 누가 맞고 틀리는지 따지는 일이 의미가 없다는 것입니다. 에라토스테네스와 《주비산경》은 각자의 문화적 맥락에서 맞는 것일까요? 아니면 에라토스테네스가 더 실재에 가까운 것일까요? 에라토스테네스가 옳다고 말하는 사람은 자신의 문화적 맥락을 멋대로 가정하는 것일까요? 서로 다른 문화적 맥락에서 나온 생각을 비교할 수 있을까요?

다시 중국으로 가봅시다. 16세기 말, 이탈리아 천문학자 마테오 리치Matteo Ricci가 이끄는 예수회가 중국에 도착합니다. 그들은 황실 천문 기관의 설명을 듣고 미소를 짓습니다. 중국인들은 예수회로부터 서양의 천문학 사상을 듣고, 서양의 관점을 받아들입니다. 이때는 정치적으로 불안정한 시기였습니다. 황제의 군대는 유럽 군대를 쉽게 쓸어버릴 수도 있었을 것입니다. 중국인들이 천체관측에 대한 서양의 해석이 더 낫다고 확신하게 만든 것은 서양의 정치적 힘이 아니었습니다. 그것은 무엇이었을까요?

참과 거짓이 문화적 맥락에 밀접하게 영향을 받는다는 지적은 깊은 지성의 산물입니다. 우리는 어느 정도 일관된 신념 체계 내에서 말을 합니다. 그렇다고 우리가 다양한 생각을 비교하고 선택함으로써 실재에 대해 무언가를 배울 수 없다는 결론은 나오지 않습니다. 특히 선택이 권력관계나 비합리적 요소들의 문제일 뿐이라는 결론은 나오지 않습니다.

사실 대부분의 경우 비판적 이성을 진지하게 사용해 선택이 이뤄질 수 있습니다. 우리는 이성을 통해 어느 대안이 나은지, 즉 더 일관성 있고 효과적이고 사실에 의해 뒷받침되는지 알 수 있습니다. 실제로 우리의 사고 체계는 결코 그 자체로 닫혀 있지 않습니다. 그것은 구조적으로 외부를 향해 있으며 끊임없이 대화하고 교류합니다. 우리의 사고는 실재에 대한 사고이며, 예상치 못한 사실과 '우리의 생각을 바꾸게 만드는 어렵고 환원 불가능한 실재' 그리고 그 밖의 다른 생각과 끊임없이 관계를 맺고 있습니다. 이러한 대결 속에서 우리의 사고는 성장하고 변화하며 배웁니다.

차분히 대화하면 누가 맞고 누가 틀리는지 밝힐 수 있습니다. 고대와 현대를 막론하고, 과학의 역사 전체는 이성의 효력에 대한 하나의 긴 증명입니다. 논쟁은 치열하지만 조만간 누가 맞고 틀리는지 알게 됩니다. '지구는 평평하지 않고 둥글다' 또는 '뉴턴과 아인슈타인 가운데 아인슈타인이 옳았다'처럼요.

이는 누구의 관점에서 맞고 틀린 것일까요? 문화적 맥락을 모두 벗어난 관점에서일까요? 아닙니다. 대화하는 당사자들의 관점에서 그렇습니다. 사실들의 실재성이 해석을 통해 걸러지더라도, 다양한 의견 그리고 외부 사실들과의 대결은 한 입장을 확립하고 다른 입장을 약화합니다. 아무리 지구가 평평하다고 해석하고 싶어도, 서쪽으로 항해를 떠나 동쪽에서 돌아온 페르디난드 마젤란Ferdinand Magellan의 배를 계산에 넣어야 하는 날이 옵니다. 실재에 대해 무언가를 배우는 것입니다.

이탈리아는 차분한 대화와 경청으로 더 근거 있는 믿음이나 해결책을 함께 찾을 수 있다는 아이디어를 받아들이는 데 특히 어려움을 겪습니다. 이탈리아는 민주주의와 토론의 전통이 부족해 이러한 대결의 방식이 다듬어질 기회가 적었습니다. 토론을 통해 합리적 해결책을 찾는 것보다 외국의 통치자, 왕자, 주교 또는 카리스마 넘치는 지도자가 결정하게 두는 것이 익숙합니다. 설득력 있는 논증보다는 동맹과 친분에 의존합니다.

텔레비전 토론에서 서로 끼어들어 말을 가로채는 나라는 전 세계에서 이탈리아밖에 없습니다. 다른 나라에서 그렇게 끼어드는 사람은 대중의 신뢰를 얻지 못합니다. 그 사람에게 좋은 논거가 없다는 뜻이니까요. 아테네의 민주주의에서 프랑스혁명까지, 인류가 미디어의 전횡과 권력 집중에 맞서 자신을 방어하는 무기는 바로 이성이었습니다.

저는 한 가지 기본적 오해가 이러한 혼란을 야기했다고 생각합니다. 그것은 바로 지식과 확실성을 혼동하는 것입니다. 인류는 확실성을 붙들어둘 수 있는 닻을 좋아합니다. 고대의 사고에서는 신, 신성한 문서, 교황 등에 대한 신뢰가 닻이 될 수 있었습니다. 그런데 근대가 시작되며 전통의 한계가 드러났고, 경험이나 추상적 이성에서 확실성을 찾게 되었습니다. 19세기에는 과학이 확실한 답을 줄 수 있을 것 같았지만, 이후 뉴턴의 매우 효과적인 이론조차 아인슈타인에 의해 의문시된다는 사실을 발견하게 됩니다. 우리는 그 어떤 것도 확실성을 보증할 수 없음을 알게 되었습니다.

이는 가장 합리적인 해결책과 가장 신뢰할 수 있는 지식을 알아낼 수 없다는 말이 아닙니다. 우리는 독립적 실재를 합리적으로 알 수 있습니다. 바로 '경험의 환원 불가능성'과 '우리가 집단적으로 도달한 합의'[2]에 의해 말이죠. 독립적 실재에 대한 우리의 이야

2 개인의 주관적 경험은 집단의 합의에 의해 객관성을 얻고, 집단의 관점은 개인의 다양한 경험을 반영하며 수정되고 확장된다.

기는 불완전하지만, 이 두 가지 차원(개인과 집단)에서의 경험은 그것을 충분히 보완합니다.

'유일하고 절대적인 진리'를 설교하는 사람들과 '의견들 사이에서 선택의 일반적 기준이란 없다'라고 주장하는 사람들 사이에는 세 번째 길이 있습니다. 바로 토론과 이성의 길입니다.

인류 문명 5,000년에서 대부분의 시간 동안 그랬던 것처럼, 중국은 다시 지구상 가장 큰 강대국이 되기 위한 길을 천천히 가고 있습니다. 그것이 성공할지, 어떤 생각을 가져올지는 알 수 없습니다. 하지만 그 생각에 '태양이 1만 리 떨어져 있고, 지구가 평평하다'라는 것은 포함되지 않을 것입니다.

왜일까요? 초기의 차이점들에도 불구하고, 서로 다른 해석들 사이의 대화와 차분한 대결을 통해 지구가 정말 둥글다고 믿을 만한 아주 좋은 근거들을 찾았기 때문입니다.

돌이란 무엇인가?

오렐리앙 바로 Aurélien Barrau, 장-뤽 낭시 Jean-Luc Nancy와의 대담•.
<디아크리틱 Diacritik>[1], 2016년 10월 11일.

오렐리앙 바로 친구 여러분, 우리는 뚜렷한 방향도, 선언된 목표도, 정해진 주제도 없이 여기 모였습니다. 카를로, 당신은 단순히 이론물리학자에 그치지 않는 분이지만, 그래도 이론물리학자로서 접근해본다면, 우리 앞에 놓인 이 돌이 무엇이라고 생각하십니까?

• 바로는 프랑스 천체물리학자이자 사회참여 지식인이다. 낭시는 프랑스 철학자로 2021년 타계했다.

1 2015년 창간된 프랑스 온라인 문화 비평 저널.

카를로 로벨리 제 생각에 이 질문에 가장 좋은 대답은 과학이 주는 답인 것 같습니다. 그 대답은 다음과 같습니다. 돌은 단단하고 정적인 것으로, 그 자체로 하나의 전형적 물체입니다. 하지만 화학, 물리학, 광물학, 지질학, 심리학을 통해 알게 된 것에 비춰 볼 때 돌은 양자장의 복잡한 진동이며, 순간적 힘들의 상호작용이고, 잠깐 스스로 균형을 유지하다가 다시 무너지는 과정, 지구의 요소들이 서로 상호작용하는 역사 속에서 잠시 등장하는 짧은 한 장章입니다.

돌은 신석기 인류의 흔적이기도 하고, 《팔 거리의 아이들A Pál Utcai Fiúk》(2003년)•에 등장하는 무기이기도 하고, 우리의 토론을 위한 하나의 예가 되기도 합니다. 때로는 잘못된 존재론에 대한 은유가 되기도 하고요. 또한 세계 자체보다 우리의 신체적 지각에 더 의존하는 분할된 세계의 일부이기도 합니다.

신도神道에서는 세계의 신성함을 나타내는 상징이고,

• 헝가리 극작가 몰나르 페렌츠Molnár Ferenc가 1906년 청소년 잡지에 연재한 소설이다. 부다페스트의 팔 거리Pál utca 공터를 배경으로 소년들의 우정과 용기를 그렸다. (국역본: 몰나르 페렌츠, 《팔 거리의 아이들》, 한경민 옮김, 비룡소, 2006년.)

가톨릭 신자에게는 먼저 던져서는 안 되는 것(두 번째로는 괜찮습니다) 등등 다양한 의미를 지닙니다. 요약하자면, 돌은 실재라는 끝없는 거울 놀이 속의 복잡한 매듭입니다. 세계가 바다에서 밀려오는 파도나 광인의 횡설수설로 이뤄져 있지 않은 것처럼, 돌로 이뤄진 것도 아닙니다. 이것이 저의 과학적 세계관입니다. 여러분은 이보다 나은 세계관을 알고 계십니까?

오렐리앙 바로 놀랍네요! 과학적 관점에 종교적, 상징적, 은유적 차원을 포함하다니요. 이것은 매우 폭넓은 과학적 시각이며 이례적인 접근법입니다. 이런 방식이라면 제가 의견을 달리하기 어려울 것 같네요.

저는 존재론의 환원 불가능한 다양성을 믿습니다. 다양한 존재자는 서로 다른 방식으로 존재하며, 이를 단일한 원칙이나 설명으로 환원할 수는 없는 것이죠. 우리는 서로 다른 준거 체계 안에서 다른 존재를 이해하고 해석합니다. 즉, 존재에 대한 모든 이해는 다중적 준거 체계 속에서의 굴절이라고 할 수 있겠죠.

저는 당신이 언급한 모든 것을 '과학'이라고 부르지 않겠지만, 돌이 (가장 강한 의미에서) 양자장의 구름일 뿐

프란시스코 고야, '돌덩이 운반', 1786~1787년,
캔버스에 유채, 개인 소장 사진. © Bridgeman Images

만 아니라, (마찬가지로 강한 의미에서) 동시에 전혀 다르면서도 완전히 정확하고 실재적인 어떤 것일 수 있다고 생각합니다. 예를 들어, 지친 소들이 끄는 대리석의 반사광을 띠는 무거운 바위를 묘사한 프란시스코 고야Francisco Goya에게는 말입니다.

결국 우리는 '과학'이라는 단어의 의미에 대해서만 의견이 다를 뿐, 우리가 너무 쉽게 '실재'라고 부르는 것 안에 숨겨진 실제 사물들의 다양성에 대해서는 의견 차이가 없는 듯합니다. 창작은 정확하고 일관되며 정당화된 규칙을 따르지만, 자연의 궁극적 존재를 드러내는 것('알레테이아aletheia'[2]의 원뜻에서)은 아닙니다.

저는 사물을 보는 이러한 시각이 과학적 사고를 약화하는 것이 아니라, 오히려 과학적 사고를 존중하고, 감탄하며 실천하는 방식이라고 확신합니다. 장-뤽, 당신은 어떻게 생각하나요?

장-뤽 낭시 카를로가 돌팔매질의 돌을 언급했으니, 저는 복음서로 들어가 "너는 베드로Pietro이며, 이 반석 위에 내 교회를 세우겠다"(마태복음 16:18)라는 구절까지 가보겠습니다. 예수는 시몬이라는 이름에 베드로라는 이름을 덧붙였습니다. 베드로는 아람어로 '케파Cephas', 그리스어로 '페트로스Petros'죠.

2 고대 그리스어로 '진리'를 의미한다. 어원적으로 '숨겨진 것을 드러냄' '잊힌 것을 기억하게 함'을 뜻한다.

시몬이라는 이름은 아람어로 '모래알'을 뜻하며, 모래알은 같은 텍스트 안에서 견고한 기반을 상징하는 반석과 대비됩니다.[3] 페트로스는 이 사건 이전에 인명으로 거의 쓰이지 않은 듯한데, 이에 대해서는 저도 잘 모르겠네요. 어쨌든 우리 전통 내 문학적으로 주목할 만한 부분에서 '돌'은 흔들림 없는 기반을 가리키는 명사로 자리 잡았습니다.

훨씬 시간이 흘러, 프랑스 철학자 자크 데리다Jacques Derrida는 "피에르는 남근이다Pierre est le phallus"라고 썼습니다.[4] 이는 첫째 아들의 이름으로 지은 언어유희로, 데리다는 이를 다른 곳에서도 여러 번 반복했습니다. 우리는 모든 언어에서 '돌'의 의미를 중심으로 형성된 모든 '피에르'를 추적할 수 있을 것입니다.

---

3 실제로 시몬이라는 이름은 히브리어에서 유래했으며(다만 예수 당시 아람어와 히브리어가 혼용되었기에 그 경계를 명확히 할 수는 없다) '하나님의 말씀을 들음'을 의미한다. '기초 없이 흔들리는 모래 같은 존재'라는 해석은 베드로라는 이름 부여의 상징성(교회의 기반이 될 것)을 강조하며 문학적 허용을 동반한 상징적 독법이다.

4 데리다의 초기 주요 저작 중 하나인 《글쓰기와 차이L'écriture et la différence》(1967년)에 나오는 문구다. (국역본: 자크 데리다, 《글쓰기와 차이》, 남수인 옮김, 동문선, 2001년.)

세비야의 대주교 이시도루스 히스팔렌시스는 그리스도 당신이 바로 주춧돌이라고 말했으며, 예수가 베드로를 교회의 반석으로 부른 것도 그를 그리스도라는 주춧돌 위에 놓일 돌로 여긴 것이라고 해석했습니다. 돌 위에 돌, 그렇게 쌓아 올리는 것이죠. 그리고 우리도 여기서, 이렇게 돌을 쌓는 셈입니다.

저는 카를로가 말한 거울 놀이를 확장하고 싶습니다. 이는 진동과 상호작용으로 시작된 그것이 견고함, 압축성, 단단함, 영속성을 나타내는 기표로서 계속 진동하며 상호작용하고 있다는 점을 강조하기 위함입니다. 마치 모든 진동과 상호작용이 최대한 압축된(돌로 굳은) 것처럼 말이죠. 저는 이러한 과정이 매우 기쁩니다. 왜냐하면 존재의 모든 가능한 차원이 활발히 소통하는 데 도움이 되는 모든 것은 '존재 자체의 이행성'이 아니라 '존재하는 것들의 이행성'을 생각할 수 있게 해주기 때문입니다.

카를로 로벨리 장-뤽이 기쁘게 생각하는 그것은 저도 좋아합니다. 존재의 모든 가능한 영역이 서로 소통할 수 있게 해주는 모든 것 말입니다. 그런데 오렐리앙, 왜 과학이 바라보는 세계는 고야가 보여주는 인간 감정의 복잡성을 포함하지 않아야 한다고 생각하나요? 그리고 반대의 경우는요?

(고야를 포함해) 인간은 자연계에 속한 자연적 존재입니다. 그들의 감정 또한 자연현상이지 별도의 영역에 존재하는 실체가 아닙니다. 세계는 복잡하며 우리는 그중 일부만 이해합니다. 제가 흥미롭게 여기는 것은 무언가를 이해하고, 언어들을 소통하게 하며, 그 의미를 해독하는 것입니다.

하지만 장-뤽, 저는 단순히 말놀이를 하려는 것이 아닙니다. (우리가 이야기하는 '돌'의 의미와) 예수가 베드로에게 준 이름의 연관성을 저는 잘 모르겠습니다. 저에게는 그저 우연한 음의 유사성처럼 보일 뿐, 이해를 돕기보다는 혼란을 가중시키는 것 같습니다.

카발라처럼 모든 반향을 무한히 증식시키고, 모든 것 안에 비친 모든 것을 보려는 고대의 이해 방식이 있기는 하죠. 그러나 저는 이것이 우리를 어디로도 이끌지 못한다고 생각합니다. 정말 도움이 될까요? 아니면 제가 보는 눈이 없는 걸까요?

저의 생각에 진정한 경이로움은 이해를 돕는 것과

우연한 것을 구분할 때 찾아옵니다. 우리가 하늘에서 떨어진 돌을 발견했을 때, 그것을 신전 안에 모셔두고 숭배하는 대신 연구한다면, 그 돌은 우리에게 자신이 유기물질을 포함한 혜성에서 왔다는 것을 알려줍니다. 그리고 어쩌면 바로 그 유기물질이 우리에게 생명을 부여했을지도 모릅니다. 그때 우리는 비로소 그 돌과 형제임을 느끼고, 우주를 우리 집처럼 느끼게 됩니다.

장-뤽 낭시 저는 '돌pietra'이라는 단어를 넣고 싶었습니다. 왜냐하면 사물들이 언어 바깥에 존재하더라도, 결국 그것들이 의미를 가지는 것은 항상 언어를 통하기 때문입니다. 언어는 사물이 무엇인지, 그리고 그것이 존재한다는 사실을 말하는 데 필수적입니다.

우리는 사물에 '유기물질' 같은 다양한 속성을 부여함으로써 그 사물이 무엇인지 말할 수 있고, 그 사물에 느끼는 형제애를 말할 수도 있습니다. 하지만 이는 결코 끝나지 않습니다. 왜냐하면 모든 이름은 다른 이름을 가리키기 때문입니다. '유기체'는 '무기물의 구성과 변형'을 가리키며, 이는 다시 '돌', 즉 '단단하고 불활성인 것'으로 우리를 이끕니다.

카발라가 반향과 무한한 반사를 이야기할 때 그것이 완전히 헛된 것은 아니었습니다. 단지 그것을 세계의 신비에 대한 최종적 해답이라고 여긴 것이 착각이었을 뿐입니다. 제가 '피에르Pierre'(베드로Pietro, 돌pietra)와 단어의 은유적 가치를 통해 환기시키고 싶었던 것은 우리가 '끝'이라고 부르는 것의 끝없는 순환이었습니다.

그리고 실제로 그것은 혼란스럽습니다. 당신은 '해독하다'라는 표현을 사용했지만, 언어는 스스로 해독되지 않습니다. 오히려 어떤 의미에서는 점점 더 암호화됩니다. 그리고 이것 역시 당신이 말한 자연의 일부입니다.

오렐리앙 바로 무슨 말인지 알 것 같아요, 카를로. 저도 부분적으로 동의합니다. 부분적으로만요. 과학적 프리즘으로 실재를 바라보면, 모든 실재는 원칙적으로나 잠재적으로 과학적 접근을 통해 해독되거나 적어도 접근 가능하다고 생각합니다. 제가 특히 좋아하는 고야의 어두운 그림들도 포함해서요.

저는 당신이 말한 과학적 호기심, 그리고 그것이 우리를 다른 생명체와 우주의 물체들에 연결해주는 숭고한 능력에 대한 경이로움에 전적으로 동감합니다. 안타깝게도 우리의 문화는 종종 잊어버리지만요. 그러나 세계를 작동시키는 이 특정한 방식, 즉 우리가 정확히 무엇인지도 모른 채로 과학이라고 부르는 이 방식이 모든 가능한 의미를 포괄한다고 생각하는 것은 오만한 태도인 것 같습니다.

저는 기술記述들은 복소수처럼 순서가 없다고 생각합니다. 때로는 그것들을 분류하고, 어떤 것이 '가장 우월한지' 결정하는 작업이 불가능하다고 생각합니다. 물론 모든 기술이 동일한 가치를 가지는 것은 아니며, 허무주의적 상대주의를 찬양하는 것도 아닙니다. 다만 저는 서로 다른 방식으로 작동하는 경쟁적 기술들 사이에서 하나를 선택하지 않는 쪽을 택하고 싶습니다. 저는 사유의 놀이란 기술하는 것뿐만 아니라 창조하는 것이기도 하다고 믿습니다.

장-뤽, 저는 당신의 숭고한 저서 《코르푸스Corpus》(1992년)[5]를 읽으며 몸의 물리적 본질에 대해 많은 것

5 국역본: 장-뤽 낭시, 《코르푸스》, 김예령 옮김, 문학과지성사, 2012년.

을 알지는 못했습니다. 사실 아무것도 배우지 못했죠. 저는 이 책이 무언가 '해독'하는지 잘 모르겠습니다. 하지만 저의 현실은 그것에 의해 변형됩니다. 텍스트가 (저의 현실에) 작용했고, 그것은 작은 일이 아닙니다!

카를로, 당신의 훌륭한 저서 《양자 중력Quantum Gravity》(2004년)을 읽을 때는 전혀 달랐습니다. 그 책은 시공간의 본질에 대해 명확하게 잘 정의한 논지를 가졌으며, 물질의 본질에 대해 우리가 무엇을 아는지 상기시켜줬습니다. 그것은 검증할 수 있고, 저에게 아름답고 감동적이기도 하지만, 장-뤽이 《코르푸스》에서 스케치한 것을 '대체'하지는 않습니다.

구체적으로 말해보자면, 두 분 모두 바위처럼 견고합니다. 우리 주변의 세계를 볼 때, 여기서 저는 단순히 존재론적 차원뿐만 아니라 정치적 차원까지 포함해 말하는 것입니다만, 오늘날 우리는 '석화石化'나 '토대'의 논리와 상징으로부터 거리 두기를 촉구해야 하지 않을까요? 우리는 난민들이 봉쇄된 국경 밖에서 죽어가게 방치하고 있습니다. 상당 부분 우리에게 책임이 있는 전쟁을 피해 온 사람들인데 말입니다. 엄청난 규모의 재앙에 관심을 가지지 않고 있습니다.

물론 이것은 물리학이나 돌의 신비와는 거의 관련이 없습니다! 그러나 이것은 '아르케Arche'[6]의 논리, 즉 '사물은 본래 그런 것이며 우리는 아무것도 바꿀 수 없다'라고 주장하는 데이터(주어진 것)의 폭력적 전통에서 조금은 거리를 둘 수 있는 기회가 아니겠습니까? 그리고 또 다른 질문이지만, 장-뤽의 저서 제목을 빌려 묻고 싶습니다. "무엇을 해야 할까요?Que Faire?" 두 분의 생각을 듣고 싶습니다.

장-뤽 낭시 동의합니다. 카를로도 저도 '토대'나 '아르케'의 방향으로 가지는 않았습니다. 당신이 처음 돌을 던졌을 때, 우리는 돌에 맞은 느낌이 아니었고, 어떤 무게에 끌렸던 것입니다. 토대를 향했던 것은 아니지만요. 레스보스섬이나 칼레Calais의 난민 캠프에 가거나 철학을 공부해야 할까요? 제3의 가능성이 있을까요?

카를로 로벨리 안타깝게도 저에게는 제3의 가능성이 보

6 세상의 본질적 구성 요소나 모든 존재의 근본 원인을 탐구하는 고대 그리스철학 개념.

이지 않습니다. 몇 년 전 저는 바리케이드에서 돌을 던지고 있었어요. 하지만 결국 저와 동료들의 무력함만 가늠할 수 있을 뿐이었죠.

그래도 저는 여전히 말의 힘을 믿습니다. 무한한 담론의 바다에서 저의 작은 목소리가 어떤 방향으로 힘을 보탤 수 있도록 하려고 합니다. 우리가 떨어뜨리는 폭탄들에 맞서, 우리의 부를 지키기 위해 중동에서 저지르는 끔찍한 일들에 맞서, 갈수록 심해지는 불평등에 맞서, 인간 집단이 스스로를 그 속에 파묻는 어리석고 맹목적인 정체성주의에 맞서, 우리와 조금 다를 뿐인 사람들에 대한 만연한 불신에 맞서 말입니다.

오렐리앙, 모든 음악이 공명할 수 있게 어떤 논의의 가능성도 닫지 않으려는 당신의 개방성을 이해합니다. 그리고 장-뤽, 당신이 언어는 스스로 해독되지 않고 오히려 점점 더 스스로를 암호화한다고 말할 때, 저는 그 의미를 이해한다고 생각합니다.

저는 궁극적 토대를 원하지 않고, 담론들의 바깥에서 있으려는 담론을 원하지 않습니다. 오렐리앙, 저는 당신처럼 인간들을 서로 연결하고 싶고, 같은 이유로 담론들을 서로 연결하고 싶지, 그것들이 양립 불가능하다고 단정 짓고 싶지 않습니다. 담론들을 우리의 지식으로 만들고 싶습니다. 불완전하고, 진화하고, 단편적이고, 불일치들을 포함한 상태로 말입니다.

그 불일치조차 더 나은 이해를 위한 신호입니다. 끝없는 거울 놀이 속에서 돌고 도는 것이 아니라, 이해를 향해 한 걸음씩 나아가고 싶습니다. 혼란을 가중하는 것이 아니라, 연결을 찾아 단순화하고 조화를 만들고 싶습니다. 혼란은 이미 충분하고도 넘치니까요.

물론 저의 책이 장-뤽이 《코르푸스》에서 설명하는 내용을 '대체'할 수는 없습니다. 왜 그래야겠습니까? 왜 둘 사이에 반드시 모순이 있어야겠습니까? 우리는 현실 속 일부이며, 호수가 산을 비추듯이 현실을 비추고 있습니다. 우리가 세상에서 발견하는 의미는 바로 우리 자신입니다. 우리를 지탱하는 믿을 수 없을 정도로 풍부한 자연, 풍부하지만 모순되지 않는 자연의 일부입니다. 우리는 결코 자연에서 모순을 발견한 적이 없습니다.

다만 한계를, 우리의 한계를 발견했을 뿐입니다. 자연을 이해하려는 노력의 한계를 말입니다. 그리고 자연 속에는 우리에게 익숙한 것들과 우리가 지금도 배워가는 것들이 있습니다. 공간의 양자와 낯설고 기묘한 물체들 말입니다. 둘 다 나에게 속해 있습니다. 저는 생각들을 교차시켜 그것들을 나의 우주로 만들고 싶습니다. 그것들을 조화롭게 만들고, 자매로 인식하고 싶습니다. 형제를 남이라고 부르며 폭탄을 던지고 집에서 쫓아내는 대신, 우리의 형제로 인식하고 싶은 것처럼 말입니다.

장-뤽 낭시 저는 카를로에게 동의한다고 진심으로 말할 수 있습니다. 다만 우리 각자의 목소리가 분명 작고 하찮더라도 그것들이 모여 천천히 어떤 형태를 만들어가고 있다는 점을 덧붙이고 싶습니다. 우리가 당장 알아차릴 수 없는 곳에서 서서히 모습을 갖춰가고 있다고 말입니다.

오렐리앙 바로 이상하게도 대화를 시작할 때는 약간의 긴장감이 느껴졌어요. 우리의 세계가 서로 스며들기보다는 충돌하는 것처럼 보였죠. 하지만 지금 우리는 거의 완벽한 조화를 이루고 있습니다. 저는 자연스럽게 여러분과 함께하고 있으며, 카를로가 말한 공유와 공명에 대한 열망을 전적으로 공감하며 받아들이고 있습니다. 우리 시대에 만연해 있는 타자성에 대한 두려움은 그야말로 파괴적입니다.

청년을 위한 작은 보물

<코리에레델라세라>, 2021년 5월 26일.

마테오는 제가 가르친 가장 뛰어난 학생들 중 하나입니다. 그는 현재 독일에서 과학 연구를 하며 시민사회 활동에도 적극 참여하고 있습니다. 작년에 그는 자신이 추진하고 있는 정치 제안을 지지해달라고 연락했습니다. 처음에는 의아했지만, 우리는 이 문제에 대해 오랫동안 논의했고, 결국 저는 그의 주장에 설득되었습니다. 그러나 세상 사람들을 설득하는 일은 쉽지 않게 느껴졌고, 소심한 저는 결국 아무것도 하지 않았습니다.

그의 제안은 국가가 모든 18세 청년에게 소액 자본을 제공하자는 것이었습니다. 그 자금은 대규모 자산에 대한 상속세로 마련하는 방식이었습니다. 현재 엔리코 레타Enrico Letta[1]가 비슷한 제안을 공론화하고 있습니다. 그래서 지금이 제가 설득된 이유를 말하기에 적기라고 생각합니다.

이 제안의 핵심은 소득이 아니라 재산이 사회계층 간에 기회의 차이를 만든다는 것입니다. 저는 인생의 대부분을 아주 적은 돈으로 살아왔지만, 가족 덕분에 크지는 않아도 어느 정도의 재정적 안전망이 있었습니다. 그래서 중요한 선택을 할 수 있었고, 공부를 계속하거나 졸업 후 1년 동안 급여 없이 연구에 집중할 수 있었습니다. 당장 일을 구해야 한다는 압박이 없었기 때문입니다.

아마 제 인생에서 가장 잘한 결정은 고등학교 졸업 후 잠시 학업을 쉬고 혼자 1년 동안 캐나다와 미국을 여행한 일일 것입니다. 경비는 여기저기서 일해 마련

---

1 중도좌파 성향 민주당PD 소속 정치인으로, 2013년부터 2014년까지 이탈리아 총리를 지냈다.

했지만, 비행기표는 할머니 덕분에 살 수 있었습니다. 제가 어렸을 적에 할머니는 손주인 우리에게 금화를 몇 개씩 주셨습니다. 저는 그 돈으로 여행을 갔고, 사촌은 영국에 가서 영어를 배웠습니다. 이 경험은 우리의 삶을 바꾸고 시야를 넓혀줬습니다.

학교 친구 하나는 가족에게서 받은 적은 돈으로 작은 소프트웨어 회사를 차리고 인생이 바뀌었습니다. 또 다른 친구는 어렸을 때 신시사이저를 구입해 지금은 성공한 음악가가 되었습니다. 비록 작더라도 자본이 있으면 새로운 지평을 여는 궤도에 삶을 올려놓을 수 있습니다.

공부를 더 하거나 필요한 책을 사고, 부모로부터 독립할 집의 임대료를 내거나 가족을 꾸리고, 사업을 위한 교통수단을 마련하는 등 다양한 선택이 가능해집니다. 악기를 사고, 자원봉사 단체를 만들고, 지구 반대편으로 떠나는 티켓을 구할 수도 있습니다. 소자본으로 인생을 시작할 수 있는 이 특권은 많은 사람이 사회에 유익한 일을 하도록 해준 본질적 요소였습니다. 그것은 안정감을 주고 안전망을 제공해 (도전에 따르는) 위험을 감수할 수 있게 해줬습니다.

하지만 대부분의 이탈리아 청년은 이러한 특권을 누리지 못합니다. 18세 청년이 1만 유로(한화 약 1,580만원)를 자유롭게 쓸 수 있는 경우는 많지 않습니다. 어떤 사람들에게는 적은 돈이겠지만, 대다수에게는 큰돈입니다. 만약 모든 18세 청년에게 이 적은 자본이 주어진다면 기회가 조금 더 평등해질 수 있습니다. 창의적이고, 도전적이고, 생산적이고, 지적이고, 예술적인 힘이 해방될 수 있습니다. 조금 덜 불공정한 사회가 될 수 있습니다.

오늘날 평균수명을 고려하면 대부분의 사람은 부모의 유산을 50대나 60대에 받습니다. 인생을 개척하는 데 별로 도움이 되지 않는 시기에 받는 것이죠. 자금이 정말 필요한 것은 그보다 이른 시기입니다. 저는 이 자금을 어떤 조건도 없이 줘야 한다고 생각합니다. 청년들이 자유롭게 사용하도록 해야 합니다.

이 자금에 대해 어떤 사람은 저축할 수도 있고, 어떤 사람은 투자할 수도 있으며, 또 어떤 사람은 전부 초콜릿과 사탕을 사는 데 쓸 수도 있습니다. 하지만 어쨌든 그것이 부자들의 주머니에 남아 있는 것보다는 낫다고 생각합니다. 심지어 이미 풍족한 60세 금수저의 은

행 계좌에 잠들어 있는 돈보다 낭비되는 돈이 경제를 살리는 데 훨씬 도움이 됩니다. 그것은 소비를 늘리니까요.

우리 사회는 모두에게 동등한 기회를 주지 않습니다. 통계는 분명합니다. 부모의 경제적·사회적 수준이 자녀의 수준을 대부분 결정합니다. 특권층은 국가에서 소수이지만, 그들끼리 계층을 유지합니다. 전후와 호황기에는 사회적 이동성이 높았지만, 점차 문이 다시 닫혔습니다. 물론 예외는 있지만 드뭅니다.

이 상황을 바꾸면 대다수 시민에게 이익이 됩니다. 이유는 두 가지입니다. 첫 번째, 사회적 이동의 폐쇄는 사회 전체에 심한 자원 낭비입니다. 사회에 기여할 수 있는 똑똑한 청년들이 경제적 어려움, 불충분한 교육, 삶의 유연성 부족으로 기회를 얻지 못하고 있습니다. 두 번째, 대다수 시민은 소수 특권층에 속하지 않기에 '그들'의 특권을 지킬 이유가 없습니다.

민주주의 체제에서 다수의 지지를 얻고자 하는 정당에는 두 가지 선택지가 있습니다. 다수의 이익을 위해 실제로 행동해 문제를 해결하거나 그저 이익을 위하는 척만 하는 것입니다. 우파는 전통적으로 부의 재분배에 반대합니다. 누군가가 부자가 될 수 있는 가능성이 결국 모두에게 이익이 된다는 논리 때문입니다.

이 주장이 맞든 틀리든, 대규모 자산의 상속세를 청년들에게 재분배하자는 제안과는 무관합니다. 막대한 재산을 그대로 물려주는 것은 국가의 생산성에 아무런 긍정적 영향을 주지 않습니다. 오히려 경제 활력을 저해하죠. 이탈리아의 상속세는 프랑스나 독일과 비교하면 터무니없이 낮습니다. 이들 나라에서는 상속세가 이탈리아보다 10배 더 높습니다.

저도 직접 경험했습니다. 아버지가 남긴 재산의 대부분은 이탈리아에 있었고, 10분의 1도 안 되는 작은 부분이 프랑스에 있었습니다. 하지만 저는 프랑스에서 이탈리아보다 더 많은 상속세를 냈습니다. 10분의 1에 불과한 재산에 대해서요. 이탈리아의 상속세는 몇십 년 전까지만 해도 유럽 다른 나라들과 비슷했습니다. 그런데 억만장자가 총리가 되며, 모든 억만장자의 자녀들이 축배를 들었습니다.

그들이 재분배에 반대하는 진짜 이유는 하나입니다. 오늘날 사회의 권력은 투표하는 시민들에게 있지 않고, 부를 소유한 사람들에게 있습니다. 그 부는 권력을 유지하고 선거에서 이기기 위해 필요합니다. 즉, 그 부는 소수의 이익을 옹호하기 위해, 다수의 시민이 자신의 이익에 반하는 투표를 하도록 설득하는 데 사용됩니다.

저는 정치가 이보다 더 정직하고 현명한 모습으로 돌아가기를 바랍니다. 부에 종속되는 함정에 빠지지 않고 진정성 있게 공감을 얻기를 바랍니다. 모호한 태도는 신뢰를 무너뜨리고, 지지를 잃게 만들기 때문입니다. 이 제안이 좋은 본보기입니다. 레타가 이 제안을 받아들여 기쁩니다.•

• 하지만 이 제안에 대한 후속 조치는 실행되지 않았다.

함께해야 살아남는다

<코리에레델라세라>,
2020년 5월 31일.

서양 문학의 위대한 작품들은 전염병으로 시작합니다. 《일리아스》의 초반에 아폴론은 분노에 찬 모습으로 아카이아인들의 진영으로 내려옵니다. "그는 분노로 가득 찬 마음으로 올림포스를 내려왔고, (…) 어깨에는 활과 단단히 닫힌 화살통을 메고 있었다. (…) 그는 밤처럼 내려와 (…) 아카이아인들에게 날카로운 화살을 퍼부었다. (…) 시체들의 장작가리는 끝없이 타올랐다."

가장 위대한 비극인 《오이디푸스왕》도 전염병으로 시작합니다. "끔찍한 전염병이 도시를 덮쳐, 카드모스의 집은 비어가고, 검은 하데스는 신음과 통곡으로 가득 찬다."

아테네의 황금기를 황폐화한 역병[1]은 세계의 상상력에 깊은 각인을 남겼습니다. 투키디데스의 생생한 묘사, 그리고 루크레티우스가 쓴 시의 충격적 장면 덕분입니다. "검게 변한 입에서 피가 새어 나오고 목구멍은 궤양으로 막혀버렸다. 병든 혀에서는 피가 뚝뚝 떨어졌다. (…) 숨결은 썩은 시체처럼 악취를 뿜었고, (…) 묻히지 못한 시체들이 쌓여 있어 (…) 거리 곳곳에 누더기에 덮여 썩어가는 끔찍한 시체들이 보였다."[2]

2세기에는 마르쿠스 아우렐리우스 황제 통치 기간 동안, 안토니우스 역병으로 500만에서 3,000만 명이 사망한 것으로 추정됩니다. 유스티니아누스 역병은 이보

---

1 '아테네 역병'은 기원전 430년 펠로폰네소스전쟁 2년 차에 발생했다. 장티푸스로 추정되는 이 병으로 아테네 인구 약 4분의 1이 사망했다. 역사가 투키디데스는 이 병에 감염되었지만 살아남았고, 역사서에 그에 대해 자세히 기술했다. (국역본: 투키디데스, 《펠로폰네소스 전쟁사》, 천병희 옮김, 숲, 2011년.)

2 국역본: 루크레티우스, 《사물의 본성에 관하여》, 강대진 옮김, 아카넷, 2012년.

다 큰 피해를 입히며 사회구조를 붕괴시켰습니다. 이탈리아의 랑고바르드족 출신 역사가 파울루스 디아코누스는 이 역병의 후기 유행을 이렇게 묘사했습니다. "모두가 도망쳤고, 모든 것이 깊은 침묵에 휩싸였다. 자녀는 부모의 시체를 방치한 채 떠났고, 부모는 자녀를 버렸다." 일부 역사가들은 이 전염병을 고대 유럽 도시 문명의 붕괴 요인으로 꼽기도 합니다.

중세 말기에는 흑사병이 여러 차례 연속으로 유행하며 유럽 인구 3분의 1이 사망했습니다. 물리학 분야의 예를 들자면, 17세기에 뉴턴이 위대한 작품을 쓴 것은 당시 런던을 휩쓴 전염병을 피해 시골에 은둔하는 동안이었습니다. 이탈리아에서는 알렉산드로 만초니Alessandro Manzoni가 묘사한 밀라노의 페스트가 있습니다.[3] 제가 근무하는 마르세유에서는 1720년 페스트로 도시 인구의 절반 가까이가 사망한 사건이 있었습니다. 정확히 한 세기 전에는 스페인 독감으로 5,000만 명이 사망했습니다.

---

3 국역본: 알렉산드로 만초니, 《약혼자들I Promessi Sposi》(전2권), 김효정 옮김, 문학과지성사, 2004년.

우리는 역사책을 읽으며 이 모든 것을 과거의 일로 여겼습니다. 진보, 과학 지식, 자연에 대한 인간의 통제, 위생 덕분에 이러한 과거의 악몽에서 벗어났다는 사실을 근대성의 상징으로 여겼습니다. 그러나 오늘날 팬데믹은 이러한 환상에서 우리를 깨어나게 합니다. 진보는 우리의 생각만큼 강력하지 않았습니다.

이것은 명심해야 할 겸손의 교훈입니다. 우리의 약함을 깨달아야 합니다. 이탈리아에서는 최악의 상황이 지나갔다는 낙관적 분위기가 있지만,• 질병이 실제로 둔화한 것인지 아니면 과거의 대유행처럼 연속되는 파도 중 첫 번째 파도가 지나간 것뿐인지는 알 수 없습니다. 우리는 백신에 큰 기대를 걸지만, 백신은 아직 없으며 면역이 생긴 사람은 소수에 불과합니다.

하지만 과거 전염병의 참혹함과 비교하면, 우리가 가진 도구들을 과소평가해서도 안 된다는 것을 알 수 있습니다. 아카이아인들은 전염병에서 벗어나기 위해 그들의 왕 아가멤논이 강제로 데려온 아폴론 신관의 딸을 다시 돌려보냈습니다(《일리아스》). 물론 좋은 행동

• 아직 지나가지 않았다.

이었지만, 전염병에는 별 효과가 없었을 것입니다.

오이디푸스는 전염병을 없애는 방법에 대한 해답을 찾기 위해 처남을 델포이로 보냈지만, 그 결과 우리가 잘 아는 그 곤경에 빠졌을 뿐이죠. 델포이의 여사제 피티아가 "오이디푸스가 아버지를 죽이고 어머니와 결혼했다"라는 대답을 내놓은 것입니다(《오이디푸스왕》). 만초니의 소설은 페스트를 막기 위한 집단적 종교 행렬을 그리는데, 이 '집단적' 행렬이야말로 절대 해서는 안 될 일이었습니다(《약혼자들》). 이렇듯 인류는 오랫동안 전염병 앞에서 완전히 무력했습니다.

그러나 더 이상 우리는 같은 상황에 있지 않습니다. 앞으로 어떻게 전개될지 알 수 없지만, 우선 현재까지는 팬데믹으로 전 세계에서 40만 명이 사망했습니다. 이는 큰 숫자이지만, 과거의 대규모 전염병에 비하면 훨씬 낮은 수치입니다. 밀라노와 뉴욕에서 구급차 사이렌 소리는 들리지만, 거리의 시체 더미 위에서 죽어가는 이들의 울부짖음은 들리지 않습니다.

검사, 병원의 집중 치료, 세균성 합병증을 막는 항생제는 수많은 생명을 구했습니다. 전염병학자들의 계산에 근거한 '사회적 거리 두기' 정책은 의료 시스템 붕괴를 막고 사망자 수를 대폭 줄였습니다. 백신에 대한 기대도 허황된 것이 아니고 구체적인 현실입니다.

우리가 전능하다고 생각하는 실수를 범해서는 안 되지만, 우리가 가진 수많은 의학적·과학적·문화적·경제적 도구의 가치를 무시해서도 안 됩니다. 이는 선조들이 가지지 못했던 것입니다.

이러한 도구들은 특정 국가의 전유물이 아닙니다. 인류 전체의 협력으로 개발된 것이며, 그 발전은 전 세계적으로 계속되고 있습니다. 바이러스에 대한 신속한 인식, 시험 개발, 전염병 통제에 필요한 모델들은 국제적 협력 덕분에 가능해진 전 지구적 지식입니다. 인공호흡기와 마스크처럼 우리를 지키는 도구들은 다른 국가들에서 생산되어 전 세계에 공급되고 있습니다. 백신이 발견된다면, 어리석은 짓을 하지 않는 한, 어느 나라만 백신을 가지고 다른 나라는 가지지 못하는 그런 일은 없을 것입니다. 백신은 인류 전체가 공유할 것입니다. 그러기를 바랍니다.•

• 모두 알다시피 백신은 발견되었지만, 아쉽게도 오랫동안 부유한 국가들 사이에서만 거의 공유되었다.

우리가 과거보다 잘 방어할 수 있었던 것은 인류가 협력했기 때문입니다. 바이러스가 우리 국경에 도달했을 때 우리가 고립되고 닫혀 있었다면, 과거에 유행했던 전염병들처럼 훨씬 치명적이었을 것입니다.

전염병의 역사적 영향은 매우 다양하며 평가하기 어렵습니다. 어떤 전염병은 문명의 붕괴를 가속화했을 수도 있습니다. 14세기 흑사병은 유럽에서 근대의 시작을 촉진했을 수도 있습니다. 오늘날의 팬데믹이 과거의 대규모 전염병에 비해 작은 규모에 머물기를 바라지만,• 그것이 앞으로 어떻게 진화할지, 인류에 어떤 영향을 미칠지는 아무도 모릅니다.

공포를 느낄 때, 우리는 두 가지 상반된 본능을 발휘합니다. 서로를 돕거나 소규모 집단에 갇혀 자신을 방어하기 위해 타인과 맞서는 것입니다. 저는 오늘날 이 두 가지 본능 중 어느 것이 우세한지에 세계의 미래가 달려 있다고 생각합니다. 안타깝게도 두 번째 태도인 타인에 대한 폐쇄성은 널리 퍼져 있습니다.

전염병이 세계화 때문이라는, 따라서 이번 팬데믹으

• 결국 그렇게 되었다.

로 세계화가 줄어들 것이라는 목소리가 들립니다. 또 다른 목소리는 국가나 세계의 넓은 지역들이 다른 국가에 의존하지 않고 자급자족해야 한다고 말합니다. 마치 모든 국가가 모든 상황에 필요한 물건을 스스로 생산할 수 있는 것처럼 말입니다. 세계 곳곳에서 다른 사람들에게 책임을 돌리는, 강하고 분노에 찬 목소리들이 나오고 있습니다. 이는 종종 자신들이 저지른 실수에 대한 비난을 회피하기 위한 것입니다. 전 세계의 긴장이 고조되고 있습니다.

이러한 폐쇄와 갈등의 본능이 우세해지고 '나만 살면 된다'라는 논리가 지배적으로 된다면, 인류는 재앙을 향하게 될 것입니다. 예를 들어, 첫 번째로 백신을 개발하는 국가는 그것을 독점하려 할 것입니다. 이미 그런 제안이 나왔습니다. 세계 곳곳에서 논의되는 경제적 상호의존관계의 단절은 분쟁과 전쟁, 광범위한 빈곤 증가로 이어지는 문을 열 것입니다.• 지난 수십 년 동안 빈곤에서 벗어난 수백만 사람이 다시 빈곤으

• 이러한 단절, 즉 '디커플링decoupling'이라고 불리는 현상은 안타깝게도 현재 실제로 일어나고 있다.

로 내몰릴 것입니다.

우리의 논리가 '이탈리아 우선' 또는 '서구 우선'이라면, 우리가 어려움에 처했을 때 누군가 우리를 도와주거나 의약품, 치료, 물자, 백신을 공유해주기를 기대할 수 없습니다.

그러나 우리는 계속 스스로를 방어할 수 있을 것입니다. 이번 글로벌 위기로 인류가 공통의 위험과 위협, 문제 해결을 공유하고 있음을 깨닫는다면요. 함께 일하고 공통의 규칙을 정하고 자원을 공유하며, 서로 신뢰하는 법을 배워야 한다는 인식이 강화된다면요.

이탈리아는 작지만, 생각보다 세계에서 영향력이 큰 나라입니다. 이탈리아는 위기에 직면한 서방의 선봉이라는 불행한 위치에 놓여 있었습니다. 전 세계는 이탈리아의 매우 어려운 선택들을 주의 깊게 지켜보고 따랐습니다. 저는 이탈리아가 오늘날 폐쇄를 요구하는 전 세계의 겁먹은 목소리들에 맞서, 크고 분명한 목소리를 낼 수 있기를 바랍니다.

우리가 위기로부터 스스로를 방어할 수 있는 유일한 전략은 전 지구적 협력을 강화하는 것입니다. 정치, 경제, 과학 분야 모두에서 말입니다. 팬데믹은 끝나지 않았으며, 이것이 인류가 직면하는 마지막 심각한 위기도 아닐 것입니다. 팬데믹 위험에 대한 경고와 같은 다른 경고들도 이미 있었습니다. 세계 정치가 개방과 협력, 인류 문제의 공동 해결을 지향한다면 우리는 위기를 극복할 수 있습니다.

그러나 우리가 스스로를 고립시키고 '우리 먼저'라는 파괴적 논리에 지배된다면, 우리는 스스로를 해칠 것입니다. 중세 시대에 행렬을 벌인 사람들처럼 비합리적 반응에 빠질 것입니다. 바이러스는 국경을 폐쇄하거나, 교역을 줄이거나, 자급자족한다고 막을 수 있는 것이 아닙니다. 바이러스와 박테리아는 헥토르와 아킬레우스의 시대[4]에도 이미 국경을 넘어 여행하고 있었습니다.

4 기원전 12세기경으로 추정되는 고대 그리스의 트로이전쟁 시기.

우리는 연약하다

<코리에레델라세라>, 2020년 4월 2일.

팬데믹의 경험은 우리 모두에게 겸손함을 가르치는 것 같습니다. 우리는 생각만큼 강하지 않습니다. 항상 그랬듯이 바람에 쉽게 흔들리는 존재입니다. 우리는 큰 재난이 항상 다른 곳에서 일어난다고 생각하는 데 익숙했습니다. 바로 며칠 전, 어떤 미국인이 텔레비전에서 이렇게 말하는 것을 들었습니다. “우리는 세계에서 가장 강력한 나라다. 이 바이러스는 우리에게 아무것도 할 수 없다.”

하지만 이제는 아무도 그런 말을 하지 않습니다. 이

탈리아 사람들도 바이러스를 막을 수 있으리라고 생각했지만, 이제는 아닙니다. 아마도 받아들이기 가장 어려운 현실은 지금 일어나는 일이 누구의 잘못도 아니라는 점일 것입니다. 인간의 광기로 벌어지는 전쟁과는 다릅니다. 물론 실수도 부주의도 있었습니다. 어쩌면 지금도 실수를 하고 있으며, 나중에야 그것을 깨달을지도 모릅니다.

하지만 전례 없는 상황에서 결정을 내리는 일은 어렵습니다. 우리는 그저 지금 할 수 있는 일을 할 뿐입니다. 다음번에는 더 나은 준비와 더 나은 대처를 할 것입니다. 그리고 과학이 미리 보내는 경고에 더 귀를 기울일 것입니다. 우리는 항상 누군가를 탓하고 싶어 합니다. 정치인들이 더 빨리 대처했어야 한다고, 중국이 더 일찍 경고했어야 한다고, 이미 여러 차례 경고가 있었는데도 정부가 대비하지 못했다고 비난합니다. 하지만 현실은 이번 재앙에 '범인'이 없다는 것입니다.

우리는 여러 위험으로부터 스스로를 보호하는 법을 배웠지만, 결국 자연의 손안에 있습니다. 자연은 때로는 우리에게 많은 선물을 주지만, 때로는 무자비하게 우리를 몰아붙입니다.

그래도 다행인 것은, 지금은 정부도 대중도 과학의 목소리에 귀를 기울인다는 점입니다. 지식은 우리가 가진 최고의 도구입니다. 그 덕분에 중세에 페스트를 막기 위해 행렬을 벌이다가 오히려 더 많은 사람을 감염시켰던 것과 같은 어리석은 실수를 피할 수 있습니다.

하지만 과학이 모든 문제를 해결할 수는 없다는 사실을 우리는 그 어느 때보다 잘 알고 있습니다. 우리의 찬란한 지식도 먼지보다 작은 이 바이러스 앞에서 무력할 때가 있습니다. 과학은 우리의 힘이고, 우리가 발견한 최고의 도구이므로 소중히 여겨야 하지만, 우리보다 훨씬 크고 강하며 무심한 자연 앞에서 우리는 여전히 연약합니다.

이번 사태는 서구 사회가 가졌던 작은 오만함마저도 시험대에 오르게 했습니다. 우리에게 필요한 의료진과 지원은 쿠바, 중국, 러시아, 심지어 알바니아에서도 왔습니다. 우리가 모든 것이 잘못되었다고 말한 나라들이 바로 이 나라들 아닙니까?

이번 위기를 가장 잘 극복한 나라는 어디입니까? 사망자를 최소화하며 바이러스에 효과적으로 대응한 나라는 싱가포르, 홍콩, 대만, 그리고 한국이었습니다.• 뭐죠? 우리 서양인이 최고라고 하지 않았나요?

이번 사태가 끝나면, 우리의 오만함을 돌아봐야 할 때가 올 것입니다. 이 시기도 지나갈 것입니다. 과거의 전염병들도 모두 끝이 있었습니다. 하지만 이 모든 일이 우리의 삶에 어떤 영향을 미칠지, 얼마나 큰 충격을 줄지, 우리 각자가 얼마나 큰 대가를 치를지는 아직 아무도 모릅니다.

이번 일이 자유 시장에 대한 우리의 생각을 바꾸는 계기가 될 수 있을까요? 가장 열렬하게 자유 시장을 옹호하던 사람들조차도 지금은 이렇게 외치고 있습니다. "국가여, 국가여, 우리를 도와주오!"

어려운 순간이 닥치면 협력이 경쟁보다 낫다는 사실을 더욱 깊이 깨닫습니다. 부디 이번 경험을 통해 모두가 그 교훈을 얻기를 바랍니다. 함께할 때 문제는 더 잘 해결됩니다. 인류는 함께해야만 성공할 수 있습니다. 그럴 수 있는 시간도 올 것입니다. 지금 우리는 사랑하는 사람들과 우리 자신을 위해, 조금이라도 더 많은 생

• 3년이 지난 지금, 이러한 사실은 점점 더 분명히 확인되고 있다.

명을 구하기 위해 최선을 다해 싸우고 있습니다.

지금 우리가 하는 일이 바로 이것입니다. 우리는 의학이 할 줄 아는 일을 제대로 해내도록 힘을 모아 돕고 있습니다. 그것은 우리에게 더 많은 날, 더 많은 시간, 더 많은 생명을 주는 일입니다. 생명은 당연한 권리가 아닙니다. 그것은 우리가 오랜 세월에 걸쳐 협력하고 지식과 문명을 쌓으며 조금씩 얻어낸 특권입니다.

이것은 삶과 죽음의 싸움이 아닙니다. 그렇게 생각해서는 안 됩니다. 그렇게 본다면 우리는 어쨌든 패배한 것이나 다름없습니다. 결국은 죽음이 항상 승리하고 우리는 필멸자이니까요. 지금 우리가 하는 일은 이 짧은 삶 속에서 서로에게 조금이라도 더 많은 시간을 선물하려는 거대한 노력입니다. 삶은 고통과 고난이 있더라도 너무나 아름다운 것이며, 지금은 그 어느 때보다도 그러합니다.

힘든 1달 동안[1] 이탈리아에서는 이미 1만 3,000명이 넘는 사람이 전염병으로 목숨을 잃었습니다. 끔찍한

---

1 이 글은 세계보건기구WHO가 팬데믹을 선언한 2020년 3월 11일로부터 약 1달 후에 게재되었다.

숫자입니다. 그러나 전염병이 없던 때에도 매주 1만 명의 이탈리아인이 사망했습니다. 오늘날까지도 전염병은 이탈리아에서 주요 사망 원인이 아닙니다. 그러나 슬픔은 단순한 통계가 아닙니다. 사랑하는 사람을 잃는 아픔은 그 하나하나가 비할 데 없이 깊습니다.

이 고통이 이번 전염병 때문에 처음 생겨난 것은 아닙니다. 그것은 이미 거기에 있었습니다. 1만 명의 사망자는 그 수가 매우 크기는 하지만, 매년 암이나 심장병 또는 노환으로 사망하는 사람의 수에 비하면 훨씬 적습니다. 그리고 전 세계에서 기아나 영양실조로 목숨을 잃는 사람의 수보다도 훨씬 적다는 사실을 잊지 맙시다.

이 전염병이 정말로 하고 있는 일은 우리가 평소에 바라보지 않으려고 했던 진실을 눈앞에 보여주는 것입니다. 그것은 바로 우리 삶이 얼마나 짧고, 얼마나 연약한가 하는 것입니다.

우리는 만물의 주인이 아니고, 불멸의 존재도 아닙니다. 우리는 언제나 그랬듯이 가을바람에 흩날리는 낙엽에 불과합니다. 그러니 이 삶을 더 길게 이어가기 위해 노력합시다. 힘을 다해 함께 싸웁시다. 이는 모두가 함께하는, 아름다운 싸움입니다. 죽음에 맞서 싸우려는 것이 아닙니다. 우리 자신에게 조금 더 많은 삶을 주려는 것입니다. 왜냐하면 삶은 아름답고, 삶을 살아가는 것이야말로 우리가 가장 소중히 여기는 일이기 때문입니다.

돌팔이

<코리에레델라세라>,
2021년 4월 2일.

법치국가에서는 판결을 존중하고 집행합니다. 설령 우리가 그 판결의 이유에 동의하지 않더라도 말입니다. 그러나 때로는 판사들이 선의로도 실수를 저지르고, 이러한 실수가 누적되어 사회에 해가 되는 상황이 있습니다. 저는 이러한 경우를 이야기해보는 것이 좋다고 생각합니다.

저는 이러한 최근의 추세를 우려하고 있습니다. 이탈리아에서는 다양한 유형의 사이비 과학 및 의학에 관한 사기 행각이 퍼지고 있습니다. 심지어 대학 내에서도 그런 일이 벌어집니다. 더 심각한 문제는 이들이 공격적 전략을 사용한다는 점입니다. 이들은 자신을 비판하는 사람을 명예훼손이나 무고죄로 고소하고 있습니다.

이 전략은 효과적입니다. 긴 법정 공방에 휘말리는 것에 대한 두려움과 판결의 불확실성 때문에 많은 전문가가 '돌팔이'를 비판하기를 망설입니다. 고소를 당할까 두려워 많은 사람이 침묵을 지킵니다. 심지어 법정에서 증언하는 것조차 꺼립니다. 그 결과 돌팔이들은 점점 더 세력을 키우고 힘을 얻습니다. 사이비 과학이나 사이비 의학을 신랄하게 비판한 언론인, 과학자, 블로거가 명예훼손으로 기소되거나 유죄판결을 받을 때마다 돌팔이들은 이를 자신들의 활동이 정당하다는 증거로 활용합니다.

사람들은 혼란스러워합니다. 그러다 결국 효과 없는 치료법에 막대한 돈을 쓰거나 정말로 필요한 치료를 받지 못하는 경우가 발생합니다. 저의 전문 분야인 양자물리학을 예로 들면, 저와 동료 연구자들은 '양자 치료' '양자 사고' '양자 심리학' '양자 의식' 등의 헛소리가 점점 더 많이 사기에 이용되는 것을 보고 경악하고 있습니다. 그러나 많은 사람이 침묵하는 쪽을 택합니다.

추상적 차원에서 하는 이야기가 아닙니다. 이 글을 쓰게 된 계기는 프랑스의 훌륭한 저널리스트 실비 코야드Sylvie Coyaud가 최근에 명예훼손 혐의로 기소된 사건입니다. 과학 기자인 그녀는 전문적이고 철저한 근거를 바탕으로 명백한 가짜 과학을 오랫동안 비판해왔습니다. 이 글을 쓰기 전, 저 역시 명예훼손으로 고소당할까 두려워 잠시 망설였습니다.

저는 누구나 원하는 방식으로 치료받을 수 있는 사회에서 살고 싶습니다. 기적의 치료법을 만들어내는 사람들이 자유롭게 이를 홍보하고, 그것을 믿는 사람들에게 판매할 수 있는 사회에서 살고 싶습니다. 그러나 누군가 기적의 치료법이라는 이름으로 허황한 주장을 펼친다면, 이를 강하게 비판할 자유도 보장되어야 한다고 생각합니다. 그러한 비판을 했다고 법적 처벌을 걱정할 필요가 없는 사회에서 살고 싶습니다.

사이비들이 언론의 자유를 내세워 가짜 약을 팔아 돈을 벌고, 사법 체계를 이용해 자신들을 비판하는 사람들을 침묵시키는 것을 용납해서는 안 됩니다. 그러나 안타깝게도 이러한 일이 이탈리아에서 벌어지고 있습니다.

용기 있는 언론인, 지식인, 블로거들이 이런 해로운 현상을 고발하고 있습니다. 대학과 학생들 사이에서도 이를 비판하는 목소리가 나오고 있습니다. 이들은 보호받아야 하며, 어려움을 겪게 해서는 안 됩니다. 다행히 상황을 인식하고 공익 활동을 처벌하지 않는 판사들도 있지만, 그 반대의 경우도 적지 않습니다.

그래서 저는 모든 판사에게 호소합니다. 당신들의 선의를 의심하는 것이 아닙니다. 당신들을 위해 이 글을 쓰는 것입니다. 만연해 있는 사이비 의학이나 과학을 공개적으로 비판하는 용기 있는 언론인, 과학자, 시민이 명예훼손으로 재판에 회부되거나 유죄판결을 받는다면, 이는 사회에 심각한 악영향을 미칠 것입니다. 이는 겁을 줘서 비판적 목소리를 없애버리는 마피아의 수법과 같은 조직적 사기에 자신도 모르게 공모하는 일이 됩니다.

판사의 어려운 입장은 이해합니다. 판사는 자신의 교육적 배경으로 인해 과학적 타당성이 없다는 비판의 적절성을 판단하기 어려운 경우가 많습니다. 그래서 제가 생각하는 해결책은, 과학적 타당성을 판단하지 않는 것입니다. 어떤 의학적 개념이나 과학적 개념이 타당한지, 그 여부에 대한 논쟁은 법정에서 해결할 문제가 아닙니다. 이는 공개적이고 자유로운 토론에서 다뤄져야 할 문제입니다.

어떤 돌팔이가 엉터리 이야기를 한다고 그를 고소할 수는 없습니다(아, 정말 그러고 싶지만요!). 그러나 그가 하는 이야기가 명백히 모순되어 제가 그를 돌팔이라고 공개적으로 말한다고, 그가 나를 고소할 수 있다고 생각해서는 안 됩니다. 그렇지 않으면 사회가 어떻게 돌팔이들로부터 자신을 방어할 수 있겠습니까?

존경하는 판사 여러분, 부디 신중하게 판단해주기를 바랍니다. 사이비 과학을 비판하는 사람을 이탈리아 법원이 명예훼손 혐의로 기소하거나 유죄를 선고할 때마다, 그것은 진실을 향한 공격이자 사이비 과학을 퍼뜨리는 사람들의 손에 무기를 쥐여주는 일이 됩니다. 어떤 치료법이 효과적인지 아닌지는 판사가 결정할 일이 아닙니다. 돌팔이들이 비판을 차단하기 위해 사법부를 이용하려는 시도를 허용해서는 안 됩니다.

저는 이탈리아 대학의 모든 교수진, 총장, 학장, 학과

장에게도 호소합니다. 이탈리아 대학은 사이비 과학에 오염되고 있습니다. 온라인에서 '이탈리아 대학의 사이비 과학'이라는 키워드로 검색하면, 이 현상이 얼마나 광범위하게 퍼져 있는지, 그 규모가 얼마나 충격적인지 알 수 있습니다. 점쟁이, 예언가, 주술적 치료법, 신비로운 현상, 초자연적 현상, 그리고 그 밖의 온갖 터무니없는 주장까지. 정말 끔찍합니다. 우리는 이 오염에서 벗어나야 합니다. 두려움에 사로잡혀 침묵해서는 안 됩니다.

조용히 살기 위해, 법적 분쟁이나 논란에 휘말리지 않기 위해 침묵하는 것은 결국 우리 시민들의 건강과 문화, 미래 세대의 교육에 해를 끼치는 일입니다. 대학은 우리 문명이 신뢰할 수 있는 지식을 보존해야 할 도덕적이고 사회적인 책무를 지닌 기관입니다. 그러나 지금 이러한 기관의 신뢰성이 위태로워지고 있습니다.

부의 이동

<코리아헤럴드서울>, 2020년 11월 17일.

코로나로 소비가 줄어든 이 시기의 가장 큰 영향이 모두가 가난해지는 것일까요? 우리가 덜 생산하면 쓸 수 있는 돈도 당연히 줄어듭니다. 하지만 일부 소비가 줄어들면 어떤 일이 일어날까요?

코로나 확산을 막으려는 조치들은 많은 사람에게 경제적 어려움을 주고 있습니다. 예를 들어, 술집을 운영하는 사람들은 손님이 오지 않으면 큰 어려움을 겪습니다. 하지만 술집에서 쓰이지 않은 돈이 그저 사라지는 것은 아닙니다. 그 돈은 여전히 사람들의 주머니에 남아 있습니다.

사람들이 여행을 가지 않으면 관광업에 종사하는 사람들이 타격을 받습니다. 하지만 여행에 쓰이지 않은 돈이 사라지는 것은 아닙니다. 그 돈은 여행을 가지 않은 사람들의 주머니에 남아 있거나, 다른 방식으로 쓰여 결국 다른 누군가를 부유하게 만듭니다.

물론 경제적으로 어려운 상황입니다. 국내총생산(이하 GDP) 감소가 이를 보여줍니다. 소비가 줄어들면 생산도 감소하고, 자본주의는 성장을 바탕으로 돌아가는데 소비가 줄면 성장도 둔화합니다. 하지만 정말로 중요한 점이 하나 있습니다. 소비가 줄어들며 나타나는 더 큰 변화는 부가 한쪽에서 다른 쪽으로 이동한다는 것입니다.

실제로 데이터를 보면, 어떤 산업은 이 기간에 더 많은 돈을 벌었습니다. 전 세계적으로 주식시장은 높은 수준을 유지하고 많은 기업의 수익이 대폭 증가했습니다. 예를 들어, 2020년 아마존의 주가는 거의 2배로 올랐습니다. 올여름 하루 만에 주가가 7.9퍼센트 상승하며 창립자 제프 베이조스Jeff Bezos의 재산은 130억 달러(한화 약 19조 645억 원)나 증가했습니다.

일반적으로 누가 더 가난해졌고, 누가 더 부유해졌는지 확인하는 것은 어렵지 않습니다. 전 세계적으로 빈곤층과 중산층은 더욱 가난해지고, 부유층은 부를 축적한다는 사실이 데이터로 투명하게 드러나고 있습니다. 지난 수십 년 동안 지속된 부의 집중 현상은 더욱 심화하고 있습니다. 다양한 변수를 헤아려봐야겠지만, 한 가지 분명한 사실은 많은 사람이 시민의 생명을 지키기 위해 경제적 부담을 지고 있는 반면에, 일부 부유층은 더 많은 돈을 벌고 있다는 점입니다. 조용히 질문해보고 싶습니다. 이것이 과연 공정한 일일까요?

팬데믹이라는 어려운 과제는 함께 해결해야 합니다. 모두 각자의 역할을 다해야 합니다. 그저 자신을 보호하기 위해 마스크를 쓰는 것이 아니라, 모두가 마스크를 쓰면 전염이 줄어들고 다 함께 안전해지기에 쓰는 것입니다. 우리는 다른 사람들을 위해 마스크를 쓰고, 다른 사람들이 마스크를 써서 우리도 보호받습니다. 우리는 경제활동을 늦추는 어려운 결정을 내리지만, 그것은 하루에 수백 명이 사망하는 이 시기에 사람들의 생명을 구하기 위해서입니다. 그런데 누군가 그 비용을 부담하는 동안 특권층이 이득을 보는 것은 공정하지 않은 듯합니다.

지금은 국가가 공공의 이익을 생각하고, 사회의 불균형을 조정해야 할 때인 것 같습니다. 재분배에 대해 다시 이야기해야 할 때인 것 같습니다. 분배는 언제나 국가의 중요한 기능이었습니다. 하지만 최근 몇십 년 동안 많은 나라가 그 역할을 일부 포기했고, 특히 이탈리아에서는 사회적 불평등이 커지는 결과가 나왔습니다. 2007년부터 2018년까지 이탈리아 국민의 평균 재산은 줄었지만, 가장 부유한 10명의 평균 재산은 거의 2배로 증가했습니다(《포브스》). 2018년 이탈리아에서 가장 부유한 21명의 재산은 가장 가난한 20퍼센트의 총재산과 맞먹는 것으로 나타났습니다.

현재의 위기는 이런 불평등을 더욱 심화합니다. 여러 자료는 모두 같은 방향을 가리킵니다. 전통적으로 우파는 부자가 더 부유해지면 결국 모두가 부유해진다고 주장해왔습니다. 과거에는 그 말이 맞았을 수도 있습니다. 하지만 지금은 부자가 더 부유해지고, 다른 사람들은 더 가난해지며, 사람들의 생명을 구하기 위해 치러야 하는 비용이 가난한 사람들에게만 집중됩니다. 이런 상황에서는 사회적 협약의 핵심이 흔들릴 수밖에 없습니다. 지금이야말로 가장 큰 연대가 필요한 시기인데 말입니다.

팬데믹 상황에서 불평등이 계속 증가하는 것은 더 이상 정당화될 수 없을 것 같습니다. 지금은 경제를 지원하기 위한 조치를 공공 부채가 감당할 것입니다. 그러나 이는 미래의 우리가 갚아야 하는 것이고, 조만간 누가 그 비용을 부담할지 결정해야 합니다.

볼셰비키 혁명을 이야기하는 것이 아닙니다. 단지 세금을 수십 년 전으로 되돌리자는 것입니다. 이탈리아에는 한때 높은 누진세율을 적용한 상속세가 있었으며, 프랑스에는 지금도 남아 있습니다. 자산세와 40퍼센트에서 50퍼센트의 이익세도 존재했습니다. 1983년까지 이탈리아의 소득세는 22개의 세율 구간이 있었으며, 10퍼센트에서 72퍼센트의 세율이 적용되었습니다. 이 시스템은 재분배 효과가 있었고, 사회적으로도 평화롭게 받아들여졌으며, 정치적·기술적 차원에서도 공감을 얻었습니다. 또한 높은 성장률과 고용률을 유지하며 모든 사회계층의 경제성장이 비교적 균형 있게 이뤄지도록 했습니다.

이것이 쉬운 일은 아닙니다. 큰 부를 가진 사람들은

나누기를 원하지 않으며, 권력에 직접 영향을 미치고 여론을 조작할 수 있는 도구를 가지고 있습니다. 하지만 대다수 시민은 부유층에 속하지 않고, 멍청하지도 않고, 투표할 권리도 가지고 있습니다. 좌파가 사회적 재균형을 보장하는 전통적 역할로 돌아가지 않는다면, 남는 것은 사회적 불만을 이용하려는 우파의 유혹뿐입니다. 이는 결국 트럼프를 집권하게 만들고, 과거에 무솔리니를 등장시켰던 거대한 부와 정치적 사기의 동맹으로 이어질 것입니다.

지금도 매일 수백 명이 사망합니다. 사람들은 심각한 경제적 어려움을 겪습니다. 그런 와중에도 주식시장은 오르고 억만장자들은 축배를 듭니다. 저는 이런 상황이 마음에 들지 않는데, 저만 그렇지는 않을 것입니다. 모두가 각자의 역할을 하며, 할 수 있는 만큼 기여해야 합니다. 능력 있는 사람들은 더 많이 기여해야 합니다. 마스크를 착용하고, 외출이 금지되지 않더라도 가능하면 집에 머무릅시다. 지금은 어려운 시기이며, 그렇기에 연대가 필요한 순간입니다. 정치인들은 다시 부의 재균형을 시작할 용기를 가져야 합니다. 그것이 사회적 협약이기 때문입니다.

미국과 이탈리아, 불평등과 부

<코리에레델라세라>, 2020년 6월 25일.

최근 한 통계를 보고 생각에 잠겼습니다. 미국인과 이탈리아인 중 누가 더 부유한지 궁금해졌습니다. 이렇게만 묻는다면 질문이 너무 막연합니다. 이탈리아에도 실비오 베를루스코니처럼 엄청난 부자가 있는가 하면 가난한 사람도 많습니다. 미국에도 빌 게이츠 같은 부자가 있지만 가난한 사람도 많이 있습니다.

하지만 평균적으로 미국인과 이탈리아인 중 누가 더 부유한지는 물어볼 수 있습니다. 이러한 질문에 답하기 위한 통계도 존재합니다. 저는 데이터를 찾아봤습니다. 그 결과는 정말로 뜻밖이었습니다.

부를 '평균적으로' 측정하는 방법에는 여러 가지가 있지만, 대표적 두 가지는 평균값과 중앙값입니다. 통계를 보면, 평균값 재산은 미국인이 이탈리아인보다 1.5배 이상 많습니다. 하지만 중앙값 재산은 이탈리아인이 미국인보다 1.5배 가까이 많습니다. 이 데이터는 금융 서비스 회사 크레디트스위스Credit Suisse의 2019년 〈글로벌웰스데이터북Global Wealth Databook〉에서 나온 것입니다.

즉, 평균값으로 보면 미국인이 이탈리아인보다 부유하지만, 중앙값으로 보면 오히려 이탈리아인이 더 부유한 것입니다. 이는 단순한 통계적 변동이 아니라 큰 차이입니다. 결국 '미국인과 이탈리아인 중 누가 더 부유한가?'라는 질문에 대한 답은 '어떻게 보는지에 따라 다르다'입니다.

이런 결과를 보면 통계가 얼마나 미묘하고, 때로는 오해의 소지가 있는지 알 수 있습니다. 예를 들어, 어떤 사람이 정치적 목적을 가지고 미국이 경제적으로 훌륭한 나라라고 주장하려고 한다면, 미국의 평균값 재산이 더 높다는 데이터를 이용할 수 있습니다. 그리고 그와 정치적 목적이 반대된다면, 미국의 중앙값 재산이 더 낮다는 데이터를 이용해 미국이 경제적으로 실패한 나라라고 주장할 수도 있습니다.

모두가 통계를 좀 더 잘 알아두는 것도 나쁘지 않을 것입니다. 학교에서도 통계를 좀 더 제대로 가르치면 좋겠습니다. 하지만 일단 데이터로 돌아가보겠습니다. 이런 큰 차이가 발생하는 이유는 무엇일까요?

통계적 평균값은 한 나라의 총재산을 전체 인구수로 나눈 값입니다. 이는 '모든 부를 균등하게 나누면 미국인 1명은 얼마나 부유한가?'를 나타내는 지표입니다. 한편 중앙값은 한 나라의 국민을 부의 순서대로 나열했을 때 '중간에 있는 사람의 부의 수준'을 나타내는, 다른 의미에서 '평균적인' 지표입니다. 다시 말해 국민 절반이 이 사람보다 부유하고, 나머지 절반은 이 사람보다 가난하다는 뜻입니다. 그러니 부의 분포 형태를 참고할 때, 중앙값은 '임의의 미국인 1명은 얼마나 부유한가?'라는 식의 평가에 해당합니다.

평균값과 중앙값, 두 수치의 불일치는 언뜻 보기에 놀랍습니다. 하지만 사실 그 이유는 분명하죠. 바로 미국이 이탈리아보다 경제적 불평등이 심하다는 것입니다. 미국에서는 부가 소수에게 극단적으로 집중되어 있습니다.

미국에는 많은 부가 있지만, 그 부가 일반 미국인들에게 골고루 돌아가지 않습니다. 미국의 부가 전체적으로 더 많지만, '평균적인' 미국인은 '평균적인' 이탈리아인보다 가난합니다. 즉, 대다수의 이탈리아인이 대다수의 미국인보다 부유합니다. 그리고 그 차이는 작지 않습니다.

이러한 데이터는 이탈리아인이 미국을 여행하며 경험하는 일상적 느낌과도 잘 맞아떨어집니다. 미국은 전체적으로 부유하고 강한 나라입니다. 하지만 길거리에 나가면 이탈리아보다 훨씬 가난해 보이는 사람이 많습니다.

도시와 시골을 막론하고 미국의 많은 지역이 낙후되어 있고, 많은 사람이 비참해 보입니다. 화려한 지역을 벗어나면 미국의 거리는 이탈리아보다 훨씬 황량하고 뒤떨어진 경우가 많습니다. 심지어 부유한 지역의 집조차 이탈리아의 일반적인 집보다 초라해 보일 때가 많습니다. 저는 미국에서 10년 동안 살았지만, 이탈리아의 일반적인 집 창문과 비슷한 품질의 창문을 찾지 못했습니다.

많은 이탈리아인이 미국을 방문할 때 이런 이상한 역설을 느낍니다. 그러나 그것은 진짜 역설이 아니라, 부가 소수의 손에 집중되어 있다는 구체적 사실입니다. 물론 부자들의 창문은 아름답습니다. 미국인들이 가난해 보이는 것은 취향이 다르거나, 옷을 못 입거나, 집을 돌보지 않아서가 아닙니다. 일반적으로 이탈리아인보다 가난하다는 것이 사실이기 때문입니다.

곧바로 몇 가지 간단한 생각을 해볼 수 있습니다. 만약 우리가 미국으로 이주할 수 있고, 이탈리아에서와 같은 경제적 위치를 유지한다고 가정해봅시다. 즉, 이탈리아에서 하위 10퍼센트라면 미국에서도 하위 10퍼센트가 되고, 이탈리아에서 중간 정도라면 미국에서도 중간 정도가 된다고 생각해봅시다. 그렇게 되면 경제 사정이 나아질까요?

답은 명확합니다. 대부분의 이탈리아인에게는 전혀 이득이 되지 않습니다. 만약 이탈리아의 정치·경제·사회 시스템이 미국과 비슷해진다면, 이탈리아인들은 이득을 볼까요? 극소수의 부유층은 이득을 얻겠지만, 대다수의 이탈리아인은 경제적 손실을 볼 것입니다.

이러한 결과는 두 나라의 사회시스템이 가지는 현저한 차이와는 별개입니다. 이탈리아에서는 의료 서비스가 공공으로 제공되고, 교육비의 많은 부분을 국가가 부담하며, 사회 안전망도 훨씬 잘 갖춰져 있습니다. 반면에 미국에는 이런 지원이 거의 없죠. 하지만 이러한 사회적 차이를 고려하지 않아도, 대다수 시민에게는 이탈리아 같은 정치·사회 시스템이 미국식 시스템보다 경제적으로 유리합니다.

이탈리아에도 여러 문제가 있습니다. 하지만 우리는 '세계에서 가장 강력한 나라'보다 대다수 국민이 경제적으로 1.5배 정도 나은 생활을 하는 나라에 살고 있습니다. 가끔은 이 사실을 떠올려보는 것도 나쁘지 않겠습니다.

일반상대성이론, 위대한 사랑

<코리에레델라세라>, 2021년 6월 29일.

요즘 아델피와 《일반상대성이론》의 출간 작업을 하고 있습니다. 이 책은 일반 대중을 위한 쉬운 교양서가 아니라, 대학에서 진행한 일반상대성이론 입문 강의 내용을 바탕으로 만든 교재입니다. 저는 오랫동안 이 강의를 해왔습니다. 처음에는 미국에서, 이후에는 프랑스에서 이 이론을 가르쳤죠. 강의는 해마다 조금씩 진화했고, 저도 가르치는 방법에 대해 더 많이 배웠을 뿐만 아니라 아인슈타인의 특별한 이론에 대한 이해도 더욱 깊어졌습니다.

이 책은 간결한 입문서입니다. 이론의 전 내용을 다루는 방대한 교재들과 경쟁하는 책이 아닙니다. 이론의 개념적·철학적·물리적·수학적 기초를 깊이 있으면서도 간단히 설명하고, 그 구조와 가장 중요한 결과들을 정리하는 것이 목표입니다. 가령 중력파, 우주의 팽창, 블랙홀 등 이 이론이 예측한 놀라운 현상들이 최근 몇 년 동안 확인된 만큼, 그간 상대성이론 연구자들에게 노벨상을 안겨준 결과들을 요약해 제시하려고 시도하고 있습니다.

아델피가 자신들에게 익숙한 출판 분야(비록 그 범위가 넓지만)를 벗어나 이런 책을 출판하기로 결정한 것에 저는 매우 감사하게 생각합니다. 아델피의 책들은 수준과 품격 면에서 타의 추종을 불허합니다. 그래서 저의 강의가 이렇게 아름다운 책으로 출간되는 것이 무척 흥분됩니다.

저에게 일반상대성이론은 하나의 큰 사랑과도 같았습니다. 늘 곁에 있는, 그런 깊은 사랑 말입니다.《모든 순간의 물리학》이라는 작은 책의 첫 장에서도 그 순간을 이야기한 적이 있습니다. 대학생 시절, 이탈리아 칼라브리아의 콘도푸리Condofuri 해변에서 쥐가 갉아 먹은 책을 읽으며 상대성이론을 처음으로 이해하기 시작한 순간이었습니다. 저는 콘도푸리에 대한 애정과 우정을 여전히 간직하고 있습니다.

하지만 이 이론을 '이해'하기 위한 노력은 아주 긴 여정이었고, 지금도 끝나지 않은 여정입니다. 이는 깊은 사랑을 이해하는 과정과도 같습니다. 제가 특별히 이해력이 부족해 그런 것은 아닐 것입니다. 이 이론 자체가 우리가 세상을 이해하는 방식에 엄청난 도약을 가져왔기 때문입니다. 이런 혁명적 개념을 완전히 소화하는 데는 시간이 걸립니다.

아인슈타인도 1917년에 이론의 방정식을 완성한 후, 여러 차례 이론의 의미를 다시 고민했습니다. 그리고 거듭 생각을 바꾸며 이해 방식을 수정해나갔습니다. 제가 생각하기에 그가 자신의 이론을 가장 잘 설명한 것은 1950년대 후반에 대중을 위해 쓴 책의 부록에서입니다.

아인슈타인이 세상을 떠난 후에도 이 이론을 어떻게 이해해야 하는지에 대한 논쟁은 계속되었습니다. 이 이론이 실제로 중력파를 예측했는지는 1960년대까지 학회에서 여전히 논쟁의 대상이었고, 블랙홀이라는 놀라운 예측을 정확하게 이해하는 것은 그보다 훨씬 늦게 이뤄졌습니다.

오늘날 이 이론이 무엇을 예측하는지에 대한 논쟁은 더 이상 없습니다. 이제 그러한 모호함은 해결되었기 때문입니다. 하지만 이 이론을 어떻게 이해하는 것이 가장 좋은지에 대한 논의는 지금까지도 계속되고 있습니다.

간단히 말하면, 일반상대성이론은 우리가 서로 다르다고 생각했던 두 실체가 실제로 같은 것이라는 사실을 밝혀낸 이론입니다. 하나는 중력장으로, 전기장이 전기력을 전달하는 것처럼 중력을 전달하는 것입니다. 다른 하나는 우리가 들어 있는 공간입니다. 좀 더 정확히 말하면 '시공간'으로, 실재가 살고 있는 집과 같은 것이죠.

만약 둘이 실제로 같은 것이라면, 둘 중 하나를 없앨 수 있습니다. 예를 들어 안토니오 데 쿠르티스Antonio De Curtis라는 사람을 소개받았는데, 나중에 그가 토토Totò라는 사실을 알았다고 합시다. "아, 그러면 안토니오 데 쿠르티스는 사실 토토였구나!"라고 말할 수도 있고, 반대로 "아, 그러면 토토는 사실 안토니오 데 쿠르티스

였구나!"라고 말할 수도 있습니다.[1]

일반상대성이론에서도 같은 일이 일어났습니다. 처음에 아인슈타인을 포함한 많은 사람이 "아, 그러면 중력장은 사실 (휘어 있는) 시공간이구나!"라고 외쳤습니다. 하지만 어떤 사람들은 반대로 "아, 그러면 사건들이 일어나는 집인 시공간은 사실 중력장이구나!"라고 말하기도 했습니다. 아인슈타인은 후기에 두 번째 관점을 더 받아들였습니다.

저는 두 번째 관점이 덜 일반적이지만 더 통찰력이 있다고 생각합니다. 두 관점이 서로 다른 예측으로 이어지기 때문이 아닙니다. 결국에 이름만 다를 뿐이니까요. '안토니오 데 쿠르티스'라고 부르든 '토토'라고 부르든 같은 사람인 것처럼, '시공간'이라고 부르든 '중력장'이라고 부르든 같은 실체입니다. 그리고 우리가 아는 똑같은 방정식을 따릅니다. 하지만 이름은 강력한 직관적 이미지를 만들어내고, 다른 개념들과 자연스럽게 연결되며, 우리의 사고방식에도 영향을 줍

1 안토니오 데 쿠르티스는 이탈리아 유명 배우이자 코미디언이며, '토토'라는 예명으로 더 알려져 있다.

니다.

위대한 미국 물리학자 리처드 파인만은 "좋은 과학자는 같은 현상을 이해하는 여러 방법을 염두에 둬야 한다"라고 말했습니다. 왜냐하면 그중 하나가 더 효과적일 수 있기 때문입니다. 저는 아인슈타인의 이론을 확장해 양자 중력의 측면까지 포함하는 것을 평생의 과제로 삼고 있습니다.

이를 위해서는 이론을 올바른 방향으로 이끌고 가는 것이 필요합니다.《일반상대성이론》에서는 제가 가장 효과적이라고 생각하는 방식으로 이론을 충실하게 설명하려고 노력했습니다. 마지막 장에서는 양자 중력 현상과 이를 이해하는 기본적 아이디어를 간략하게 다룹니다.

이 책이 일반상대성이론을 공부하는 학생들에게 개념적 배경을 넓히고 심화할 수 있는 추가적 도구가 될 수 있기를 바랍니다. 또한 학생이 아니더라도, 러시아 물리학자 레프 란다우Lev Landau가 '가장 아름다운 이론'이라고 불렀던 이 이론의 매력을 느끼는 분들에게 흥미로운 읽을거리가 되기를 바랍니다.

얽힘

<코리에레델라세라>의 <라레투라>,
2022년 10월 16일.

2022년 10월 4일, '양자 상관관계' 또는 '얽힘'이라고 불리는 독특한 현상에 대한 일련의 실험에 노벨물리학상이 수여되었습니다. 그런데 이 실험이 중요한 이유에는 미묘한 부분이 있습니다. 스웨덴 왕립 과학 아카데미의 공식 발표에서도 이를 인정합니다.

발표문 마지막에 '대다수 전문가에게 실험 결과는 놀라운 것이 아니었다는 점'을 언급했기 때문입니다. 그렇다면 결과가 '놀랍지 않은' 실험에 왜 노벨상이 수여된 것일까요? 이 실험의 결과가 왜 예상된 것이었는지, 그리고 그럼에도 불구하고 왜 노벨상을 받을 만큼 가치 있는 성과인지 이야기해보겠습니다.

1925년, 물질의 원자구조에 대한 여러 발견으로 과학계는 큰 혼란을 겪고 있었습니다. 이러한 혼란의 시기에 젊은 과학자 그룹이 수학적 이론을 만들어 질서를 가져왔습니다. 그것이 바로 '양자역학'입니다. 이 새로운 이론은 당시까지 밝혀진 모든 실험 결과를 설명했을 뿐만 아니라, 수많은 새로운 현상도 예측했습니다. 그리고 이후 그 예측들은 하나하나 실험을 통해 확인되었습니다.

이러한 양자역학은 새로운 기술의 발전에도 기여했습니다. 레이저, 원자력, 컴퓨터, 병원에서 사용하는 핵자기공명장치까지 다양한 신기술에 활용되었습니다. 양자역학은 새로운 현상을 설명할 수 없었던 뉴턴의 고전 역학을 대체해 모든 현대 물리학의 새로운 토대가 되었습니다.

하지만 뉴턴의 역학과 비교했을 때 양자역학에는 한 가지 약점처럼 보이는 측면이 있습니다. 뉴턴의 역학은 원칙적으로 물리 시스템의 움직임을 아주 정확하게 예측할 수 있었습니다. 반면에 양자역학은 어떤 일이 일어날 '확률'만 계산할 수 있습니다. 예를 들어, 어떤 물체를 벽을 향해 던진다고 가정해봅시다. 뉴턴의 역학은 초기조건을 충분히 알고 있으면, 물체가 벽의 어느 높이에 도달할지 원하는 만큼 정밀하게 계산할 수 있었습니다.

하지만 양자역학에서는 초기조건을 아무리 충분히 알아도, 물체가 벽의 어느 높이에 도달할지 정확히 알 수 없습니다. 다만 어느 높이에 도달할 가능성이 크고 작은지 확률적으로 예측할 수 있을 뿐입니다. 이처럼 양자역학의 예측에는 '불확실성'이 본질적으로 포함되어 있으며, 이는 결코 제거할 수 없습니다. 마치 이론의 뛰어난 효과를 누리는 대가로 감수해야 하는 하나의 조건인 것처럼 말입니다.

이 불확실성을 어떻게 이해해야 할까요? 많은 과학자가 이를 자연의 실제 속성으로 받아들였습니다. 즉, 작은 규모에서는 자연이 정말 무작위적으로 행동하고, 과거가 미래를 명확하게 결정하지 않는다는 것이 사실이었습니다. 그 사실을 우리가 이제야 깨달았다는 것입니다.

그러나 다른 과학자들은 이 불확실성이 우리가 일

상에서 경험하는 불확실성과 같은 종류일 수도 있다고 생각했습니다. 즉, 미래를 정확히 예측하지 못하는 이유는 단순히 우리가 모든 정보를 알지 못하기 때문이라는 것입니다. 예를 들어, 벽을 향해 던진 물체에는 우리가 직접 볼 수 없는 어떤 숨겨진 속성이 있을 수도 있습니다. 그리고 그 속성이 물체가 어느 높이에 도달할지를 결정할 수도 있습니다.

이런 숨겨진 속성을 전문용어로 '숨은 변수'라고 부릅니다. 어떤 사람들은 양자역학을 더 완전한 이론으로 만들기 위해, 우리가 관측할 수 있는 물리적 변수(입자의 위치, 빛의 주파수, 에너지 등) 외에도 이런 숨은 변수를 추가하려고 시도했습니다. 이를 통해 기존의 양자역학이 남긴 불확실성을 없애려 했던 것입니다.

바로 이 지점에서 양자 상관관계가 작용합니다. 양자역학은 입자 2개가 다음과 같은 의미에서 상관되어 있다고 예측합니다. 두 입자 각각에 대해 입자의 최종 위치를 예측하는 것이 아니라, 가령 한 입자가 조금 더 높게 도달하면 다른 입자도 높게 도달하고, 한 입자가 조금 더 낮게 도달하면 다른 입자도 낮게 도달하리라고 예측하는 것입니다.

만약 숨은 변수가 존재한다면, 이러한 '상관관계'는 쉽게 설명될 수 있습니다. 두 입자는 각각 자신이 도달할 위치를 결정하는 숨은 변수를 가지고 있으며, 두 입자가 같은 방식으로 움직이게 조정되어 있는 것입니다. 이상할 것이 없습니다.

그런데 만약 숨은 변수가 존재하지 않는다면 문제가 달라집니다. 두 입자가 각각 정말 무작위적으로 행동하는데도, 두 입자가 같은 높이에 도달한다는 사실은 참으로 의아합니다. 어떻게 이런 일이 가능할까요? 한 입자가 무작위적 선택을 하면, 다른 입자는 어떻게 그것을 알아채고 같은 선택을 할 수 있는 것일까요? 멀리 떨어져 있는 두 입자가 즉각적으로 정보를 주고받는 것일까요? 이런 이유로 몇몇 이론가는 숨은 변수가 반드시 존재해야 한다고 생각했습니다. 하지만 여기까지의 논의는 철저히 이론적이었고, 거의 철학적인 논의에 가까웠습니다.

그러던 중 1964년 아일랜드 물리학자 존 벨John Bell이 중요한 이론적 결과를 발표했습니다. 그는 만약 숨은 변수가 존재하고, 그것이 합리적으로 국소적 방식으로 작용하면(먼 거리에서 즉시 정보를 주고받지 않는다면), 두 입자 사이의 상관관계가 양자역학의 예측과 다를 수밖에 없는 상황이 존재한다는 것을 보여줬습니다.

이 아름다운 이론적 결과는 '과연 어느 쪽이 옳은가?' 하는 문제를 제기합니다. 한쪽에는 지금까지 단 한 번도 실패한 적 없는 성공적 양자역학이 있습니다. 이 이론은 사건이 무작위적으로 일어난다고 예측하면서도, 그 무작위적 사건들이 먼 거리에서도 서로 알고 있는 것처럼 행동한다고 예측합니다. 다른 쪽에는 자연이 합리적 방식으로 작동해야 한다는 철학적 직관이 있습니다. 불확실성은 국소적 숨은 변수에 의해서만 결정될 수 있다는 생각입니다. 벨은 두 관점이 서로 다른 예측을 한다는 것을 보여줬습니다. 그렇다면 자연에 직접 물어볼 수 있다는 뜻입니다.

2022년 노벨물리학상은 어느 쪽이 옳은지 실험으로 검증한 세 과학자에게 수여되었습니다. 실험 결과는 여러 번 반복해 확인되었으며, 결론은 명확했습니다. 양자역학이 옳았고, 국소적 숨은 변수 가설은 틀렸습니다. 자연은 정말로 신기하게 작동하며, 멀리 떨어진 사건들이 신비롭게 연결되어 있는 것입니다.

이 이야기는 자연의 깊은 구조를 탐구하는 과정에서

탄생한 아름다운 과학적 성과입니다. 하지만 최근 몇 년 동안 뜻밖의 전개가 없었다면, 이 연구가 노벨상을 받지 못했을 수도 있습니다. 프랑스의 알랭 아스페Alain Aspect와 미국의 존 클라우저John Clauser는 양자역학이 벨의 예측을 위반하는지 검증하는 실험을 수행했고, 그 공로로 노벨상을 받았습니다.

하지만 세 번째 과학자 오스트리아의 안톤 차일링거Anton Zeilinger가 수상한 이유는 조금 달랐습니다. 그는 양자 상관관계에 대한 과학적 호기심에서 연구를 시작했지만, 뜻밖에도 양자 정보라는 새로운 기술 분야를 열었고, 그 공로를 인정받아 노벨상을 받았습니다.

양자 정보 기술은 이러한 신비로운 양자 상관관계가 존재한다는 사실을 바탕으로 합니다. 이 기술은 기존의 '정상적인' 물리적 변수로는 얻을 수 없는 새로운 방식의 정보처리 방법을 제공합니다. 이 기술을 암호화, 즉 안전한 방식으로 정보를 교환하는 기술에 적용하는 것은 이미 금융권에서 활용되고 있습니다. 양자 정보 기술의 또 다른 중요한 응용 분야는 양자 컴퓨터로, 현재 세계적으로 막대한 투자와 연구가 진행되고 있습니다. 이 기술이 성공하면 경제적으로 매우 큰 영향을 미칠 것으로 예상됩니다.

기초 과학 연구는 세상을 바라보는 새로운 관점을 열어줍니다. 하지만 이탈리아와 같은 나라들은 실용적인 응용 기술과 직접적으로 연결된 연구에만 투자합니다. 참으로 근시안적인 태도입니다. 2022년의 노벨상은 기초 과학 연구의 중요성을 다시 한번 확인해줍니다.

뮤온을 둘러싼 열광과 의심

<코리에레델라세라>, 2021년 4월 15일.

최근 수십 년 동안, 기초 물리학에서 진행된 대형 실험과 관측들은 흥미로운 점이 있습니다. 블랙홀, 중력파, 힉스 입자, 양자 얽힘… 이 실험들은 노벨상 수상으로 이어졌고, 신문 1면을 장식했으며, 과학자들에게 자부심과 기쁨을 안겨줬습니다.

하지만 사실 새로운 것을 가르쳐주지는 않았습니다. 우리가 이미 예상한 것들을 확인했을 뿐입니다. 이 모든 현상은 거의 반세기 전에, 제가 볼로냐대학교에서 공부할 때부터 교과서에 있었습니다. 우리가 가진 최고의 이론들이 이미 예측한 것들입니다.

이 발견들의 중요성을 깎아내리려는 것이 아닙니다. 오히려 반대입니다. 관측된 현상들은 놀라웠고, 우리가 그것들을 보기도 전에 이미 이해하고 있었다는 사실은 더욱 놀랍습니다. 이를 관측해낼 수 있었다는 것은 과학적 사고의 예지력이 얼마나 뛰어난지 보여주는 축하할 만한 성과입니다. 그러나 누군가는 이렇게 중얼거릴 수도 있습니다. "그래서 뭐가 놀랍다는 거지? 이미 다 예상했던 일인데."

기초 실험물리학은 이러한 의미에서 오랫동안 다소 보수적이었습니다. 지난 세기 최고의 이론들의 기묘한 예측을 확인하고 재확인하는 일을 해왔던 것입니다. 그런데 지난주, 미국 페르미연구소에서 전자보다 무거운 기본 입자 중 하나인 뮤온의 자기모멘트에 대한 새로운 측정 결과를 발표했습니다.

이 결과는 지금까지의 발견들과는 성격이 다릅니다. 측정된 값이 이론이 예측한 값과 일치하지 않는 것으로 보입니다. 이는 앞서 언급한 다른 발견들과 달리, 기존의 이론을 확인해주는 관찰이 아닙니다. 오히려 모순되는 것 같습니다.

물리학자들은 이러한 결과에 목말라 있습니다. 자연의 기본 법칙에 대해 새로운 것을 배우려면 양자역학, 입자물리학의 표준 모형, 일반상대성이론 등 기존의 이론에서 벗어난 현상을 관찰해야 합니다. 현재 우리가 알고 있는 이론들이 완벽한 설명이 아닐 가능성이 있기 때문입니다.

그래서 이론물리학자들은 기존 이론을 넘어서는 무언가를 찾아내려고 끊임없이 새로운 가설을 세웁니다. 실험물리학자들은 기존 이론이 예측하지 못하는 현상을 발견하기를 갈망하며 실험을 계속합니다. 자연은 보수적이었지만 물리학자들은 스스로를 급진적이라고 생각하기를 좋아합니다. 그들은 뉴질랜드계 영국 물리학자 어니스트 러더퍼드Ernest Rutherford, 중국계 미국 실험물리학자 우젠슝Chien-Shiung Wu, 아인슈타인, 하이젠베르크처럼 새로운 현실의 층을 밝혀낸 선배 과학자들의 발자취를 따라가기를 원합니다.

그렇기 때문에 물리학자들은 예상 밖의 작은 단서가 나타나기만 해도 흥분해 벌떡 일어나 "유레카!" 외칠 수 있기를 기대합니다. 저는 평생 동안 이런 새로운 발견이 있을 때마다 과학계가 들썩이는 모습을 수없이 목격해왔습니다. 새로운 힘, 새로운 입자, 데이터와 예측 사이의 불일치, 빛보다 빠른 중성미자, 대형 입자가속기 실험에서 발견된 데이터의 이상 현상… 지금까지 열광의 물결은 모두 실망으로 바뀌었습니다.

때로는 단순한 통계적 비정상값이었습니다. 많은 무작위 변수 중에는 항상 특이한 값이 하나쯤 나오기 마련이니까요. 때로는 실험 오류였습니다. 빛보다 빠른 중성미자가 발견되었다는 오보도 결국 잘못 연결된 전원 코드 때문이었습니다.

때로는 이론적 계산 오류였습니다. 몇 년 전, 뮤온의 자기모멘트가 예상과 달라 과학자들이 흥분한 적이 있었습니다. 하지만 그것은 이론적 계산에서 부호를 잘못 적용한 실수였습니다. 대학 1학년 수업에서 교수가 강조하는 기본적 실수처럼 말입니다.

초대칭이론도 흥미로운 사례입니다. 이론물리학자들은 이 가설을 오랫동안 연구해왔습니다. 새로운 초대칭 입자가 '거의 발견되었다'는 '단서'를 찾았다는 얘기를 언제나 들어왔죠. 하지만 수십 년이 지나도록 아무것도 발견되지 않았습니다. 한마디로 "늑대가 나타났다!"라는 외침을 수없이 들어온 것입니다.

그렇다면 이번 뮤온 실험 결과는 진짜 늑대일까요? 그럴 수도 있고, 아닐 수도 있습니다. 저는 몇 가지 의문을 가지고 있습니다. 측정 소식이 열광적 환영을 받던 바로 그날, 세계적 과학 저널인 〈네이처〉에는 슈퍼컴퓨터를 이용한 이론적 계산 결과가 실렸습니다. 이 기사에 따르면 기존의 이론적 추정치가 일부 작은 효과들을 잘못 판단했을 가능성이 있습니다. 이를 고려하면 이론값이 측정값에 더 가까워집니다. 즉, 뮤온 실험 결과가 기존 이론과 불일치한다는 주장 자체가 훨씬 약해지는 것입니다.

간단히 말해, 이번 뮤온 실험도 다시 한번 "늑대가 나타났다!"라는 외침만 있는 사례로 판명될 수 있습니다. 측정값이 정확하지만, 현재 이론과도 모순되지 않는 것이죠. 누구의 말이 맞는지는 아직 아무도 확신할 수 없습니다.

동료 과학자들의 마음은 이해합니다. 그들 중 일부는 평생을 늑대를 찾아 헤매며 살아왔습니다. 그래서 늑대의 꼬리 끝자락이라도 보이면, 기뻐할 수밖에 없습니다. 저도 그 흥분을 공유합니다. 하지만 동시에 우리 과학자들은 신중해야 합니다. 기자들은 '그럴 수도 있다'를 '그럴 수 있다'로, 그리고 '그럴 수 있다'를 '그렇다'로 쉽게 번역해버리지만 말입니다.

이번에 살짝 보이는 작은 꼬리가 정말로 늑대이기를 저는 진심으로 바랍니다. 그러나 조심해야 합니다. 대중은 과학자들이 애쓰고, 흥분하고 때로는 실망하는 모습을 흥미롭게 지켜볼 수도 있지만, 자주 번복되는 발표에 질려버릴 수도 있습니다. 그 위험은 과학이 신뢰를 잃는 것입니다.

지난 수십 년 동안 자연이 우리에게 보여준 가장 놀라운 사실은, 자연이 20세기에 발견된 기본 이론들을 생각했던 것보다 훨씬 정확하게 따른다는 사실입니다. 일반상대성이론은 오랫동안 의심의 눈초리를 받아왔습니다. 그 예측이 너무 터무니없었기 때문입니다. 표준 입자 모형은 처음에 조잡한 임시방편으로 여겨졌고, 실험이 진행될 때마다 예측이 틀릴 것이라고 예상되었습니다. 양자역학은 너무나 기묘해 그 예측이 말도 안 된다고 생각하는 사람이 많았습니다.

이제 정말 새로운 것이 등장할 때가 된 걸까요? 드디어 늑대가 나타난 걸까요? 그럴지도 모릅니다. 하지만 우리가 자연에 대해 아는 것들이 결정적이지 않다고

해서, 새로운 것이 바로 눈앞에 있다고 기대해서도 안 될 것입니다.•

• 이 기고문이 나온 지 3년이 지난 지금 돌아보면, 이런 신중한 태도는 매우 적절했던 것으로 보인다.

순수 과학의 의미

<코리에레델라세라>, 2022년 3월 11일.

최근 브레시아 출신의 선견지명을 가진 엔지니어 조반니 프란체스키니Giovanni Franceschini의 주도로 블라우만 재단Fondazione Blaumann이 설립되었습니다. 이 재단은 근본적 이론 연구를 지원하는 것을 목표로 합니다.

이론을 직접적으로 응용할 방향을 찾거나, 이미 존재하는 것을 발전시키거나, 기존의 지식을 기반으로 새로운 기술을 개발하는 것이 아니라, 사물을 더 깊이 이해하는 것을 목표로 하는 것입니다. 보이는 것의 이면에 무엇이 있는지 묻고, 실재를 이해하기 위한 최선의 개념적 틀을 찾고자 하는 것입니다.

저는 이 훌륭한 기획에서 자극을 받아 순수 과학의 가치와 이를 어떻게 지속할 수 있는지에 대해 몇 가지 생각을 나누고자 합니다. 왜냐하면 현재의 연구 투자 논리 속에서 순수 과학의 가치가 점점 상실되고 있다고 생각하기 때문입니다.

우리 문명은 집단적으로 개발된 일련의 개념적 도구 덕분에 존재합니다. 이러한 도구의 총체가 바로 우리 문화입니다. 우리 문명의 풍요는 물질적 재화에 있는 것이 아니라, 생각하는 법과 행동하는 법을 아는 이러한 유산에 있습니다. 제2차세계대전이 끝났을 때 유럽은 폐허가 되었고, 물질적 재화는 대부분 파괴되었습니다. 그러나 불과 수십 년 만에 유럽은 세계에서 가장 부유한 지역 중 하나로 다시 떠올랐습니다. 그것은 유럽의 문화가 파괴되지 않았기 때문입니다. 유럽의 부는 사고하는 능력, 즉 개념적 도구에 있었고 지금도 그렇습니다.

기초 과학적 지식은 이 유산의 필수 구성 요소이며, 현대 사회에서 중심적 부분을 차지합니다. 기술, 의학, 산업 시설, 항공, 화학, 복잡한 시스템, 정보 관리 등, 이 모든 것은 기초 과학적 사고가 없었다면 존재할 수 없었을 것입니다. 이러한 지식은 공유된 집단적 유산으로, 상자에 담긴 보물처럼 정적인 것이 아니라 현재 진행 중인 성장 과정입니다. 그리고 이 과정이 깊은 뿌리가 되어 우리의 문명에 영양을 공급합니다.

고대 아테네의 아카데메이아와 리케이온 같은 학교부터, 11세기에서 13세기에 설립된 볼로냐와 파도바 같은 유럽 최초의 대학들, 그리고 현대 세계 최고의 학문 중심지에 이르기까지 문화, 특히 과학 문화는 교육과 밀접하게 연결되어 있습니다. 이 연결은 구조적인 것으로, 문화는 전수됨으로써 성장하고, 성장하며 전수됩니다.

순수 과학은 대학이 존재하기에 탄생하고 유지되며 성장합니다. 여러 연구소가 존재하지만, 그중 최고는 대형 대학의 부속기관인 경우가 많습니다. 저의 연구 분야에서 가장 권위 있는 연구소 중 하나인 프린스턴 고등연구소는 프린스턴대학교 캠퍼스 내에 위치하며, 사실상 미국에서 가장 권위 있는 대학과 완전히 통합되어 있습니다.

이탈리아는 기초 연구에 거의 투자하지 않습니다.

그것은 대학에 대한 투자가 극히 부족하기 때문입니다. 이탈리아는 GDP 수준이 같은 다른 나라들보다 고등교육에 훨씬 적은 비용을 지출합니다. 하버드대학교 하나의 예산이 이탈리아 모든 대학의 예산과 맞먹을 정도입니다.

경제협력개발기구OECD 데이터에서 분석한 42개국 중 이탈리아는 대학 졸업생 비율이 거의 최하위이며, 인도네시아와 브라질 같은 몇몇 국가만이 이탈리아보다 낮습니다. 제가 머물고 있는 캐나다는 대학 졸업자가 60퍼센트를 넘습니다. 주요 유럽 국가들과 러시아도 이 수준에 가깝습니다. 한국은 70퍼센트에 달합니다. 중국도 마찬가지입니다. 반면에 이탈리아는 30퍼센트도 되지 않습니다.

이탈리아는 국민을 충분히 교육하지 않고 있습니다. 이탈리아가 문명국의 수준에 도달하기 위해서는 모든 학문 분야에서 대학 교수의 수를 2배로 늘려야 합니다. 그리고 이탈리아의 위대한 과학 전통을 고려할 때, 이러한 교수들 중 분명 뛰어난 순수 과학 연구를 수행할 이들이 나올 것입니다.

최근 몇 년간 연구 투자 대부분은 프로젝트 자금 지

원에 집중되었습니다. 이러한 프로젝트들은 전문가 위원회가 평가하는데, 그 취지는 '성과'에 초점을 맞춰 연구 자금을 배분하려는 것이었습니다. 그러나 저는 이것이 과학에 도움이 되지 않았다고 확신합니다. '전문가'들은 자신의 아이디어에 확신을 가지며, 연구 자금을 자신의 아이디어를 발전시키는 프로젝트에만 할당하고, 다른 프로젝트에는 기회를 주지 않습니다.

그 결과, 개별 학파의 지배력에 의해 해당 연구 분야 전체가 마비되었습니다. 이들은 실패를 거듭하면서도 자기 복제를 계속하고 있습니다. 오늘날처럼 대부분의 시간을 전문가 위원회의 선호도를 추측하며 연구비 신청서를 작성하는 데 써서는 좋은 연구가 이뤄지지 않습니다. 그것은 연구실이나 실험실에 틀어박혀 동료들과 과학에 대해 토론하고, 문제를 깊이 고민하는 과정에서 이뤄집니다. 학생과 연구원, 실험을 위한 자금을 어디서 확보할지 고민하는 것이 아니라, 본질적 문제를 깊이 탐구하는 것이 연구의 핵심이어야 합니다.

물론 공공 및 민간 연구 투자가 대학과 산업의 협력을 강화하는 방향으로 이뤄지는 것이 잘못된 것은 아닙니다. 응용 연구는 큰 가치를 가집니다. 그러나 그것은 순수 연구와 별개입니다. 현재 이뤄지는 산업 협력 목적의 연구 투자들은, 프란체스키니의 적절한 비유를 빌리면, 뉴턴과 맥스웰이 미래를 향한 길을 닦는 대신 마차 개선에 전념했더라면 어떻게 되었을지 상상해보게 합니다.

정부가 순수 연구에 투자해 이탈리아가 최고 수준의 문화를 창출하는 국가 중 하나가 되고자 한다면, 이는 가능한 일입니다. 그러나 산업에 대한 수익을 순수 과학과 혼동해서는 그럴 수 없습니다.

한편 기초 지식의 성장에서 대학의 중심적 역할이 강조된다고 해서, 민간 부문이 중요한 역할을 할 수 없다거나 해서는 안 된다는 의미도 아닙니다. 위대한 앵글로색슨 대학들은 민간 투자들 덕분에 성장하고 번영해왔습니다. 그러나 이러한 투자는 단기적·중기적 수익을 노린 투자가 아니었습니다. 그것은 인류 공동의 프로젝트를 믿고, 이에 기여하고자 하는 사람들의 지원으로 이뤄진 것입니다.

저는 요즘 캐나다에 있는, 세계에서 가장 중요한 이론물리학 연구소 중 하나에서 일하고 있습니다. 이 연구소는 스마트폰 혁명의 주역인 블랙베리의 창립자 마이크 라자리디스Mike Lazaridis가 기부한 1억 달러(한화 약 1,470억 원)의 지원금으로 설립되었습니다. 이러한 후원은 기초 지식을 성장시키고자 하는 나라들의 성공에 필수 요소입니다.

사회주의 국가에서처럼 국가의 지원이든, 자본주의 국가에서처럼 민간 분야의 지원이든, 혹은 뉴턴과 아리스토텔레스 시대처럼 귀족 계층의 특권적 후원이든, 인류의 기초 지식은 여건을 갖춘 이들이 지식의 가치를 믿을 때 발전해왔습니다.

저는 이탈리아에도 과학에 대한 계몽된 후원의 여지가 있다고 생각합니다. 국가는 재정적·법적으로 이 과정을 촉진해야 합니다. 서두에서 언급한 블라우만 재단이 좋은 본보기입니다.

저는 특권에 따른 책임과 사회에 대한 부채를 인식하는 이들이 있다는 것이 매우 반갑습니다. 나아가 더 많은 지식, 더 높은 인식, 그리고 전 지구적 공동선을 향한 더 큰 개인적 책임에서 미래의 희망을 찾는 사람들이 있습니다. 멀리 볼 때 희망은 약간의 기술 발전이나 GDP 증가에 있지 않다는 것이죠. 이는 더욱 반가운 일입니다.

우리의 둥근 창 너머로

<코리에레델라세라>, 2022년 7월 13일.

어린 시절 저는 여름밤 풀밭에 누워 별이 빛나는 하늘을 바라보고는 했습니다. 인류의 역사 속에서 누군들 그렇게 하지 않았겠습니까? 밤하늘을 바라보는 것은 마치 우리가 살고 있는 이 작은 우주선, 즉 우주를 가로질러 나아가는 이 작은 따뜻한 행성 안에서 둥근 창을 통해 밖을 내다보는 것과 같습니다.

둥근 창 너머 밤의 신비로운 정적 속을 올려다보면, 검은 하늘에 무수히 흩뿌려진 신비로운 빛의 점들이 보입니다. 저 너머에는 광활함이 있습니다. 차갑고 끝이 없으며, 아득하고 장엄한 공간이 펼쳐져 있습니다. 가슴속에 이상한 현기증이 이는 듯합니다. 그리고 저 광대한 우주에서 무슨 일이 벌어지고 있는지 알고 싶은 기묘한 갈망이 피어납니다. 더 멀리 바라보고 싶고, 시선을 더 멀리 보내고 싶고….

우리는 점차 더 멀리 보는 법을 배웠습니다. 하늘에 보이는 작은 점들이 사실은 태양과 같은 거대한 항성들이며, 광대하고 차가운 성간 공간에 의해 우리와는 분리되어 있다는 것을 알게 되었습니다. 또한 수천억 개의 별로 이뤄진 우리의 은하 너머에는 더욱 거대한 성간 공간과 수조 개에 달하는 또 다른 은하가 존재한다는 것도 깨달았습니다. 각각의 은하는 다시 수천억 개의 별로 이뤄져 있습니다.

우리는 점점 더 복잡하고 정밀한 관측 장비를 개발해 상상조차 할 수 없었던 놀라운 현상들을 볼 수 있게 되었습니다. 우주적 불꽃놀이처럼 폭발하는 별들, 거대한 블랙홀 주변에서 엄청난 속도로 소용돌이치는 불타는 가스 구름, 초고밀도의 괴물 같은 중성자별들이 서로 충돌하는 모습까지 목격했습니다. 그리고 우리가 보는 우주 전체가 아직 기원을 알지 못하는 약 140억 년 전의 거대한 폭발에서 탄생했다는 사실도 깨달았습니다. 우리는 시선을 점점 더 멀리 보낼 때마다, 실재의 광대함에 매번 경이로움을 느꼈습니다.

오늘날 우리는 제임스 웹 우주 망원경이 보내오는 이미지를 통해, 빛이 극도로 빠르게 이동했음에도 우리에게 도달하는 데 약 140억 년이 걸릴 만큼 먼 곳을 봅니다. 우리가 보는 것은 우주가 최초의 폭발로 막 태어나던 시기의 은하들입니다. 아마도 지금은 사라지고 없을 은하들의 과거 모습을 보는 것이죠. 우리의 시선은 과거 속으로 깊이 빠져듭니다.

지금도 우리는 새로운 이미지가 도착할 때마다 숨을 멈추고 경탄합니다. 그것은 마치 처음으로 풀밭에 누워 별들을 바라보던 밤의 전율과도 같습니다. 현실의 성스러운 광대함에 압도되며, 이 끝없는 우주 속에서 우리가 얼마나 작은 존재인지, 그리고 이토록 연약한 우주선 안에서 우리가 얼마나 어리석은 시간을 보내는지를 되새기게 됩니다. 서로 다투고, 조금 더 많은 돈과 권력을 차지하기 위해 아등바등하며, 얼마나 헛되이 시간을 보내는지 말입니다.

고통

《고통과 아브라함 계통 종교들 Sofferenza e religioni abramitiche》(파올로로프레도 Paolo Loffredo, 2023년)에 실린 인터뷰.

○ **신앙을 가진 사람과 무신론자는 고통을 대하는 방식에서 차이가 있을까요?**

● 별다른 차이는 없다고 생각합니다. 종교에 대한 태도보다 사람들의 다양성과 개성의 차이가 훨씬 크기 때문입니다. 저는 매우 기독교적인 사람이 고통을 대할 때 큰 평온함을 유지하는 모습을 본 적이 있고, 고통에 무너지고 두려움에 사로잡히는 모습을 본 적도 있습니다. 무신론자도 마찬가지였습니다.

저의 아버지는 긴 생의 마지막에 이르렀을 때, 죽음 이후에 아무것도 없다고 생각했지만, 평온하게 임종을 맞이했습니다. 돌아가시던 날 아침, 아버지는 당신을 돌보던 두 여성과 곁에 있던 사촌에게 그날이 마지막 날이 될 것 같다고 말했습니다. 그 말을 들은 이들이 당혹스러운 표정을 짓자 아버지는 웃으며 덧붙였죠. "뭐, 너무 심각하게 생각할 일은 아니잖아!" 당신은 그렇게 미소를 띤 채로 세상을 떠났습니다.

창세기에는 아름다운 표현이 등장합니다. "그는 늙고 날이 차서 죽었다." 저는 그런 감정을 느끼는 것은 지극히 인간적인 일이며, 종교를 믿거나 믿지 않는 것과는 무관하다고 생각합니다. 몇몇 종교는 여러 이유로 죽음에 대한 공포를 부추겨왔습니다만, 그것은 좋지 않은 일이었다고 생각합니다.

○ 교수님은 개인적 고통을 마주했을 때, 어떻게 반응했습니까?

● 다른 사람들과 마찬가지였습니다. 슬픔, 절망, 상실감, 심지어 죽고 싶다는 생각도 들었습니다. 지금

은 그런 감정에 휩쓸리지 않은 것이 다행이라고 생각합니다.

인생은 우리에게 행복도 가져다주고, 고통도 가져다줍니다. 저는 다른 사람들의 고통을 가능한 한 덜어주려고 노력할 책임이 우리 모두에게 있다고 생각합니다. 그러나 안타깝게도 그렇지 못한 경우가 많습니다. 이때 무신론자와 종교인 중 누가 더 이러한 책임을 잘 수행하는지는 구분할 수 없습니다. 역사를 보면 모든 경우가 다 있습니다.

○ **신에 대한 신앙은 역경을 받아들이는 데 도움이 될까요? 아니면 신을 믿지 않는 사람도 고난에서 의미를 찾을 수 있을까요?**

● 역경을 받아들이는 방식에는 여러 가지가 있다고 생각합니다. 많은 무슬림은 신의 무한한 전능함에 자신을 맡기고, 많은 기독교인은 신의 사랑에 의지합니다.

그리고 많은 불교인에게 종교는 고통에서 벗어나는 길로 시작됩니다. 붓다의 가르침에서 바탕이 되는 네

가지 진리 중 첫 번째는 삶은 고통이라는 것이고, 나머지 진리는 그로부터 벗어나는 길을 제시합니다. 저처럼 종교를 믿지 않는 사람들도 본질적으로 유사한 길을 따릅니다.

예를 들어, 고통의 불가피성을 담담하게 받아들이는 것입니다. 그러나 누구에게나 육체적·정신적 고통은 감당하기 어렵습니다. 질문에서 말한 것처럼 고통을 견디는 한 가지 방법은 그 안에서 의미를 찾는 것입니다. 우리는 목표를 이루기 위해, 생명을 구하기 위해, 산을 오르기 위해, 억압받는 사람들을 해방하기 위해 고통을 감수합니다. 이러한 것들이 고통에 의미를 부여한다는 것을 알면, 고통을 마주하는 일이 더욱 쉬워집니다. 종교인이든 아니든 모두가 그렇게 합니다.

하지만 저는 고통에 어떤 의미를 부여하려는 태도에 위험이 있다고도 생각합니다. 고통을 줄이기 위해 책임감 있게 노력하지 않을 수 있기 때문입니다. 과거에 기독교는 고통을 줄이기보다, 그것을 받아들이도록 유도하는 의심스러운 선택들을 했다고 생각합니다. 그러나 이제 변화가 일어나는 것 같습니다.

○ **신앙을 가지는 것이 죽음과 고통에 대한 생각을 다루는 '쉬운 길'일까요?**

● 저는 다른 사람들의 선택, 특히 고통과 관련된 개인적 선택에 관해 판단하고 싶지 않습니다. 다만 저에게 기독교가 제안하는 방식이 도움이 되지 않고, 매력적이지 않고, 부분적으로 거짓처럼 들립니다. 저는 영원한 삶에 끌리지 않습니다. 삶은 그 자체로 가치 있고, 길든 짧든 강렬한 순간들로 가득하고, 때로는 고통스럽지만 빛과 감정, 사랑으로 반짝입니다.

신의 사랑을 느끼는 것이 위로가 될 수 있다는 것은 이해합니다. 신에게 자신을 맡기고자 하는 마음도 이해합니다. 하지만 저에게는 그러한 위로가 불완전하고 다소 유치한 내적 여정처럼 들립니다. 저는 우리가 경험하는 여정이 본질적으로 내면적인 것이라고 믿으며, 그것을 왜 우리 바깥에 있는 어떤 존재에 투사해야 하는지 의문입니다. 우리 뇌 속 뉴런 1,000억 개가 만들어내는 내면의 세계는 그 자체로 엄청나게 풍부하고 복잡한 공간이며, 저는 그것이 외부의 신을 필요로 하지 않는다고 생각합니다.

○ **신이 없으면 고통과 삶 전체에서 의미를 찾기가 더 어려울까요?**

● 전혀 그렇지 않다고 생각합니다. 의미의 근원을 우리 바깥에 있는 초월적 무언가에 투사하는 것은 실수입니다. 서구 문명에서 정신적·지적 성장이 이뤄진 이후, 그러한 외적 토대가 환상에 불과하다는 사실이 드러났습니다. 그로 인해 일부에서는 정신적 위기가 발생하기도 했지만, 저는 그것이 일시적 위기였다고 생각합니다.

의미는 외부가 아니라 우리 내면에서 나옵니다. 의미를 만드는 것은 우리 본성입니다. 우리는 끊임없이 때로는 강렬하게 의미를 만듭니다. 우리는 배고파하고 목말라하고, 정열과 야망을 품고, 질투하고 너그러이 대하고, 자만하고 두려워하고, 이것을 원하고 저것을 피하고, 정의와 형제애를 추구하고, 분노를 쏟아내고 강렬한 사랑을 표현합니다. 이 모든 것이 계속 자발적으로 생성되는 의미입니다. 우리가 의미를 만드는 것은 생물학적 특성, 문화, 그리고 우리 자신 때문이지 외부의 어떤 이유 때문이 아닙니다.

이러한 것들 중에서 고통은 가장 뚜렷한 예입니다. 고통은 초월적 이유로 부정적인 것이 아니라, 그 자체로 부정적인 것입니다. 우리는 본능적으로 고통을 피하고 줄이려 하며, 자신뿐만 아니라 타인을 위해서도 그렇게 합니다. 고통은 우리가 내재성에 뿌리를 내리고 있다는 직접적 증거입니다. 그것은 자연과 우리의 주관적 경험을 연결하는 가장 근본적인 요소이기도 합니다.

또한 고통은 자신과 타인을 위해 그것을 줄이는 행동을 할 자유가 있음을 자각하게 만드는 가장 원초적인 추동력이기도 합니다. 저는 선한 의지를 가진 사람들이라면 세계관이 무엇이든 인간의 고통을 덜기 위해 연대해야 한다고 생각합니다. 우리는 그것을 충분히 실천하지 못하고 있습니다. 그것은 우리에게 달린 일이지 신에게 달린 일이 아닙니다.

○ **고통은 왜 존재할까요?**

● 우리의 의식과 주관적 관점을 이해하고자 할 때, 그 질문은 핵심적이라고 생각합니다. 생명은 자연

적 진화의 산물이므로, 생명을 유지하는 데 얼마나 효과적인지의 관점에서 보면 그 많은 측면을 비교적 쉽게 이해할 수 있습니다. 생명은 그러한 측면들이 있기에 존재합니다.

그러나 고통은 어떤 의미를 가질까요? 자연은 우리를 지금과 똑같이 진화시켜 부상과 부정적 상황을 피하는 동일한 행동 반응을 하도록 만들면서도, 고통을 안 느끼도록 만들 수도 있지 않았을까요? 이는 '신은 우리를 고통스럽지 않게 만들 수도 있지 않았을까?'라는 질문의 또 다른 형태입니다. 다만 자연은 우리에게 특별히 친절할 이유가 없다는 차이점이 있습니다. 그렇다고 자연이 특별히 가혹할 이유도 없지만요.

제 생각에 답은 미묘합니다. 고통은 행동 그 이상의 어떤 것이 아닙니다. 고통은 우리가 무언가를 피하도록 유도하는 자연스러운 반응에 붙이는 이름일 뿐입니다. 즉, 뇌에서 우리 자신을 표상하는 부분에 도달하는 신호에 붙이는 이름입니다. 의식은 바로 여기에서 비롯됩니다.

이런 의미에서 저는 고통이 경험의 개별성을 이해하는 데 핵심적 열쇠라고 생각합니다. 우리는 어쩌면 기쁨 이전에 고통의 자식일지도 모르겠습니다.

같은 이유로 고통은 자유롭게 선택할 수 있다는 느낌과도 연결되어 있습니다. 우리가 고통이라고 부르는 신호를 감지하고 평가하는 뇌의 부분이, 우리가 자유라고 부르는 행동을 결정하는 부분입니다.

이런 관점에서 보면 고통은 마치 자유의 대가인 셈입니다. 덧붙이자면 우리뿐만 아니라 다른 동물들도 분명히 고통을 느낍니다. 이는 그들 역시 자유롭다는 것을 잘 보여줍니다. 따라서 고통의 문제는 인간에만 국한된 문제가 아닙니다.

○ **기독교에서 이성과 신앙은 현실을 이해하고 대처하는 서로 다른 두 가지 도구입니다. 과학과 기독교적 세계관 사이에 조화를 이룰 가능성이 있을까요?**

● 종교를 믿음으로 규정하는 일은 기독교를 포함한 일부 종교에만 해당하는 것이지 모든 종교에 적용되는 것은 아닙니다. 어떤 종교들은 과학에서 배우는 것들을 전혀 두려워하지 않으며, 과학과 갈등을 겪은 적도 없습니다. 만약 어떤 종교가 믿음을 중심으로

논의를 펼치면서, 특정한 진리를 의심 없이 받아들이도록 강요하고 질문조차 허용하지 않는다면, 그 종교는 의심과 재검토를 근본적 도구로 삼는 과학적 사고방식과 충돌할 수밖에 없습니다. 하지만 모든 종교가 이런 문제를 가지는 것은 아닙니다.

과학과 종교 사이에는 수많은 연결점이 존재합니다. 과학과 종교는 인간 사이의 끊임없는 대화, 즉 우리가 문화와 세상을 보는 방식을 구축하고 계속 발전시키는 지속적 교류입니다. 한편으로는 이러한 대화 자체도 자연의 일부입니다. 따라서 과학의 탐구 대상이 될 수 있습니다. 다른 한편으로는 과학과 종교 모두 인간의 활동이기에 인간의 내밀하고 깊은 태도에 뿌리를 둡니다. 이것이 종교가 다루는 영역입니다.

저는 사람들이 의심할 여지가 없는 진리에 자신을 가두는 대신, 다양한 관점을 좀 더 수용했으면 합니다. 일부 일신교들은 다른 관점들의 존재를 너무 인정하지 않으려는 경향이 있습니다. 그들은 그것을 공격으로 느낍니다. 예를 들어, 제가 책에서 무신론을 언급했을 때 일부 기독교인들(물론 모두는 아닙니다)이 보인 반응은 흥미로웠습니다. 그들은 마치 모욕을 받은 것처럼 느꼈습니다.

저는 인격적 신이 존재한다고 믿지 않으며, 그것이 너무 순진한 생각처럼 보입니다. 하지만 만약 신이 존재한다면 질투심 많은 신일 것 같지는 않습니다. 오히려 간디가 즐겨 말했듯이 신에게는 종교가 없으리라고 생각합니다.

○ **"신은 주사위 놀이를 하지 않는다"라는 아인슈타인의 말은 어떻게 해석해야 할까요? 세계를 조율하는 형이상학적 존재가 있다는 의미일까요? 아니면 정확한 법칙에 의해 움직이는 우주가 존재한다는 의미일까요?**

● 이 문장은 양자역학 수식을 논의하는 전문적 대화에서 나온 표현일 뿐입니다. 아인슈타인은 재치 있는 문구를 좋아했으며, 명확하게 자신을 무신론자라고 밝혔음에도 농담 섞인 비유로 '신'이라는 단어를 자주 사용했습니다.

그러나 이 경우, 이 문장은 매우 구체적인 의미를 가집니다. 아인슈타인은 스피노자를 좋아했으며, 그의 언어를 자주 사용했습니다. 스피노자는 인격적 신의 존재를 부정합니다. 저는 《에티카》를 매우 지성적이고 깊이 있는 탁월한 책이라고 생각하는데, 스피노자는 이 책에서 '신'이라는 표현을 '자연'과 동의어로 사용하며 모든 존재의 총체를 나타냅니다. 아인슈타인은 이 문장을 자연에서 무작위적 사건이 발생할 것이라고 기대하지 않는다는 뜻으로 말했습니다. 즉, 그는 물리법칙이 결정론적일 것이라고 믿은 것이죠.

○ **고전 물리학과 비교했을 때, 양자물리학은 결정론적 법칙에 의해 지배되는 우주라는 개념에 도전했습니다. 이것이 정신적 세계관과 유물론적 세계관 사이의 거리를 좁힐 수 있을까요?**

● 제 생각에는 아마도 약간은 가능할 수도 있을 것 같습니다. 그러나 이는 매우 민감한 문제로, 잘못된 이야기를 하기 쉬운 주제이기도 합니다. 안타깝게도 요즘은 아무 개념에나 쉽게 '양자'라는 이름을 붙이는 부정적 경향이 있습니다.

저는 양자물리가 우리 뇌와 정신의 작동에서 어떤 특별한 역할을 한다고 생각하지 않습니다. 이것을 탐구하려는 시도가 있었지만, 지금까지 의미 있는 결과를 내지 못했으며, 이 방향의 연구가 설득력 있어 보이지도 않습니다. 우리가 때때로 접하는 것처럼 정신성과 양자물리를 직접적으로 연결하려는 시도는 터무니없는 이야기라고 생각합니다. 우리의 내면이 복잡한 이유는 뇌가 복잡하기 때문이지, 양자적 마법 때문이 아닙니다.

그러나 양자 현상의 발견이 이 문제와 관련해 우리에게 중요한 무언가를 간접적으로 가르쳐준다고 생각합니다. 저는 이를 최근 저서《나 없이는 존재하지 않는 세상Helgoland》(2020년)[1]의 마지막 부분에서 논의했습니다. 실재는 18세기의 순진한 유물론, 그러니까 작은 돌들이 힘에 의해 움직이고 있는 빈 공간이라는 뉴턴식 모델로는 제대로 설명되지 않습니다.

물리적 실재는 그보다 훨씬 미묘하고 복잡합니다. 그것은 서로 충돌하는 작은 돌들의 집합보다, 관계와 상관관계의 네트워크로 볼 때 훨씬 잘 이해할 수 있습

---

1 국역본: 카를로 로벨리,《나 없이는 존재하지 않는 세상》, 김정훈 옮김, 이중원 감수, 쌤앤파커스, 2023년.

니다. 이는 심적현상과 기초 물리학이 기술하는 세계 사이의 거리가 유물론이 암시하는 것만큼 멀지 않을 수도 있음을 의미합니다.

요약하자면, 물리적 실재는 관계들의 네트워크라는 맥락에서 훨씬 잘 이해됩니다. 우리는 양자역학을 통해 이러한 사실을 배웠고, 이는 다음의 생각을 그럴듯하게 만들어줍니다. 심적현상, 즉 우리의 경험이 '정신성'이라고 부르는 모든 것이 물리학에 단단한 뿌리를 두고 있으며, 결국 정신적 세계관과 유물론적 세계관의 언어에는 실질적 모순이 없다는 것입니다.

파수꾼아, 밤이 얼마나 지났느냐?

프리다 나치노비치Frida Nacinovich와의 인터뷰, <시니스트라 신다칼레Sinistra Sindacale> 14호, 2023년 7월 20일.

○ 로벨리 교수님, 프루테로와 루첸티니의 소설 제목을 떠올리며 질문드립니다. 우크라이나 전쟁의 밤이 얼마나 지났을까요?[1]

---

1 카를로 프루테로Carlo Fruttero와 프랑코 루첸티니Franco Lucentini는 이탈리아 유명 작가 듀오로, 주로 미스터리 소설과 풍자적 작품을 집필한다. 《밤이 얼마나 지났느냐?A che punto è la notte》(1979년)는 토리노의 교회에서 발생한 살인 사건의 진실을 찾아가는 미스터리 소설이다.

● "파수꾼아, 밤이 얼마나 지났느냐?" 이것은 성경의 이사야서에 나오는 구절로, 예언자 이사야는 다음과 같이 말합니다.

"속이는 자는 속이고 약탈하는 자는 약탈하도다. (…) 내가 괴로워서 듣지 못하며 놀라서 보지 못하도다. 내 마음이 어지럽고 두려움이 나를 놀라게 하며 희망의 서광이 변해 나에게 떨림이 되도다."

지금 우크라이나 땅이 바로 그렇습니다.

셰익스피어의 《맥베스》에서, 맥베스는 자신이 저지른 범죄에 시달리며 "밤이 얼마나 지났느냐?"라고 고뇌에 찬 목소리로 거듭 묻습니다. 한편 레이디 맥베스는 몽유병 상태에서 손에 묻은 피를 씻으려 애씁니다. 마찬가지로 우리의 손도 피로 물들어 있습니다. 우리의 권력 게임을 위해 우크라이나와 러시아 젊은이 수천 명을 죽음으로 몰아넣고 있기 때문입니다.

○ **최근 한 인터뷰에서는 그 상황을 이렇게 묘사했습니다.**

"문신한 교외의 두 마초가 서로를 죽도록 때리고 있으며, 절대 물러서지 않고 상대방에게 벌을 주기 위해 무슨

짓이든 하려고 한다. 그 사이에는 피폐해진 사람들과 끝없는 고통이 있을 뿐이다."

이 막다른 길에서 어떻게 빠져나올 수 있을까요?

● 우리가 원한다면 전쟁에서 빠져나오는 것은 사실 쉬운 일입니다. 지배에 대한 욕망보다 이성을 앞세우고, 즉시 휴전을 선언한 뒤 협상을 시작하면 됩니다. 그러면 학살과 파괴는 멈출 것입니다.

원칙적으로는 총을 내려놓고 유엔이 분쟁 지역마다 공정한 국민투표를 실시하도록 하면 됩니다. 적대 행위가 시작되기 전에 그곳에 거주했던 사람들에게 투표권을 주고, 주민들이 자유롭고 민주적으로 자신들의 입장을 선택하도록 하면 됩니다.

젤렌스키는 선거운동 당시 전쟁 종식과 부패 척결을 약속했지만, 이를 실현하지 못했습니다. 누군가 국민투표를 두려워한다면, 그것은 그 약속이 실현되지 못한 데 스스로 책임이 있기 때문입니다. 그런 자들은 자기가 한 짓이 드러날까 불안해하며 허황된 말만 늘어놓습니다.

전 세계 수많은 정부가 휴전을 요구하고 있으며, 유

엔 총회도 프란치스코 교황도 이를 촉구했습니다. 경제적 이익이나 지정학적 계산을 고통보다 앞세우지 않는 모든 문명인이 휴전을 원하고 있습니다.

우리와 거리가 먼 전쟁, 예를 들어 수단의 전쟁을 두고 우리는 "얼마나 어리석고 야만적인가. 저들은 협상하고 타협하기보다 서로를 학살하고 있다"라고 말합니다.

그런데 지금 우리가 그런 일을 하고 있습니다. "얼마나 어리석은가. 우리는 협상하고 타협하기보다 스스로를 학살하고 있다."

지금 걸려 있는 문제는 국경이 오른쪽으로 30킬로미터 밀리는지, 왼쪽으로 30킬로미터 밀리는지가 아닙니다. 진짜 문제는 누가 세계의 주인인지를 보여주는 것입니다.

서방은 이라크와 아프가니스탄에서 참패한 이후에도 여전히 자신들이 세계의 주인임을 보여주고 싶어 합니다. 이를 위해 우크라이나 젊은이들을 총알받이로 쓰고 있습니다.

러시아는 서방에 완전히 종속되지 않았음을 보여주고 싶어 합니다. 그래서 자국 젊은이들을 총알받이로 내몰고 있습니다.

세계의 다른 국가들은 러시아의 침공에 동조하지 않지만, 서방의 지배 욕구에는 더더욱 공감하지 않기에 러시아를 돕고 있습니다. 민주주의 국가 브라질의 대통령 루이스 이나시우 룰라 다 시우바Luiz Inacio Lula da Silva는 푸틴을 2024년 9월 자국에서 열리는 G20 정상회의에 초청했습니다.[2] 이는 서방에 대한 또 다른 일격이었습니다.

○ **우리는 오직 우크라이나에 무기를 보내는 것, 그것도 점점 더 치명적인 무기를 보내는 것에 대해서만 이야기하고 있습니다.**

● 이탈리아가 보내는 무기는 아무 의미도 없습니다. 미국이 보내는 무기에 비하면 보잘것없으며, 단순히 이탈리아가 미 제국에 종속되어 있음을 다시 확인하는 역할을 할 뿐입니다. 미국은 그들만의 전쟁이

---

2 그러나 푸틴은 국제형사재판소ICC가 발부한 체포 영장으로 인해 브라질 방문이 위험할 수 있다고 판단해 해당 회의에 참석하지 않았다.

아니라는 인상을 주기 위해 다른 나라들의 무기를 필요로 합니다. 다른 나라들의 손에도 피를 묻혀야 하는 것이죠.

서방은 이제 국제조약에서 금지된 집속탄[3]까지 보냅니다. 미국은 탄약 부족 때문이라고 말합니다. 이는 서방이 이미 엄청난 화력을 이 고통의 땅에 퍼부었다는 것을 의미합니다. 나토의 모든 탄약고에서 불길이 쏟아지는 것입니다.

우리가 서방 언론에서 매일 접하는 선전은 오직 러시아군의 포격이 초래한 죽음과 파괴만을 보여줍니다. 그러나 나토의 무기가 초래한 죽음도 그에 뒤지지 않습니다. 어쩌면 더 많을 수도 있습니다. 나토의 무기도 우크라이나를 파괴하고, 사람들을 죽이며, 러시아군의 포격과 똑같이 고통을 만들고 있습니다.

○ **물론 휴전을 위한 노력과 민주주의를 회복하려는 시도도 있습니다. 교황의 요청으로 마테오 주피**Matteo

---

3 하나의 폭탄 속에 또 다른 폭탄이 들어가 있는 폭탄으로, 넓은 지형에서 다수의 인명 살상을 목적으로 하는 무기.

Zuppi 추기경이 노력하고 있고, 아프리카, 라틴아메리카, 중국도 나서고 있습니다. 하지만 지금까지의 결과는 교착 상태입니다. 교전 당사국과 그 지지자들이 이를 계속 가로막기 때문입니다.

● 우크라이나에는 더 이상 민주주의가 존재하지 않습니다. 야당이 설 자리는 없으며, 반대 의견을 표현할 공간도 없습니다. 전쟁 중 누군가 "이성적으로 생각해보자"라고 말하면, 그는 적을 지지하는 반역자로 몰립니다. 이는 전선에서 수천 킬로미터 떨어진 이탈리아에서도 일어나는 일입니다. 우크라이나에서는 분명 더 가혹한 방식으로 이뤄지고 있을 것입니다.

젤렌스키는 자국민을 학살하고 있습니다. 그가 하는 일은 제2차세계대전 이후 유고슬라비아에 빼앗긴 이스트라반도를 되찾기 위해 이탈리아 총리가 자국 젊은이들을 잔혹한 도살장으로 내모는 것과 같습니다. 또는 오스트리아가 제1차세계대전 이후 이탈리아에 빼앗긴 남티롤을 되찾겠다며 죽음의 전쟁을 벌이는 것과 같습니다.

아니, 사실 그것조차 아닙니다. 이스트라반도는 문

화적으로 이탈리아에 가깝고, 남티롤은 문화적으로 오스트리아에 가깝습니다. 이러한 어리석은 구분에 의미가 있다고 가정했을 때도, 돈바스는 우크라이나와 문화적으로 더 가깝다고 보기 어렵습니다.

이 교착상태의 원인은 미국입니다. 미국은 이 전쟁을 통해 얻을 것이 많습니다. 미국은 영원한 적이자 또 하나의 핵강국인 러시아가 피를 흘리게 만들고, 독일과 유럽 전체를 무너뜨리고 있습니다. 미국이 보기에 유럽은 너무 독자적인 길을 가고자 했습니다. 그래서 이번 기회에 완전히 미국의 통제 아래로 되돌려놓으려는 것입니다.

미국 언론들은 이 전쟁에서 나토가 성공을 거뒀다고 공공연히 자축하고 있습니다. 유럽이 다시 미국의 지배 아래로 들어왔기 때문입니다. 협력과 합의로 운영되는 세계라는 유럽의 꿈은 산산조각이 났고, 우리는 군사력이 지배하는 세계로 되돌아가고 있습니다. 그리고 그 무대에서 미국은 절대적 강자입니다.

러시아의 모험주의적 행동은 이 지옥을 촉발한 범죄입니다. 그러나 만약 중국이 미국 국경 근처, 예를 들어 쿠바에 핵무기를 배치한다면, 미국 정부는 어떻게 반응할까요? 사실 우리는 이미 그 답을 알고 있습니다. 미국은 과거 쿠바에 핵무기가 배치될 위기가 발생했을 때 쿠바를 침공하려고 했습니다.

○ **전쟁으로 인해 기후 위기에 맞서는 절실한 목표들도 뒷전으로 밀려나고 있습니다. 가용 자원은 복지보다 군사비 지출로 전환되고 있습니다. 유럽연합은 분열하고 있지만 통치자들은 이를 돌아볼 생각조차 하지 않습니다. 오직 적을 섬멸하고 승리를 향해 나아가라는 외침뿐입니다. 그러나 이렇게 가면 평화는 점점 더 멀어질 것입니다. 그렇지 않습니까?**

● 평화는 한 번도 미국의 목표였던 적이 없습니다. 그들은 평화에 대해 이야기하지 않습니다. 그들은 오직 '미국 주도의 세계 질서', 즉 세계를 이끌 자신들의 신성한 권리에 대해서만 이야기합니다. 미국은 제2차세계대전 이후 사실상 한순간도 전쟁을 멈춘 적이 없습니다. 아무도 그들의 영토를 공격한 적이 없는데 말입니다.

미국 경제는 베트남전쟁과 같은 최악의 시기를 제외

하면, 언제나 전쟁을 통해 번영을 누려왔습니다. 미국에게 이번 전쟁은 우크라이나를 러시아의 베트남으로 만들려는 시도입니다. 그래서 미국은 이 전쟁이 오래 지속될 것이라고 말합니다. 미국은 전쟁이 필요한 것입니다.

서구는 지금 역사적 갈림길에 서 있습니다. 한편으로는 세계가 크게 변했다는 사실을 인정하고, 더 균형 잡힌 방식으로 지구의 다른 지역과 공존하는 법을 배우는 길이 있습니다. 정치적·이념적 다양성을 인정하고, 인류의 공동 문제 해결에 협력하고, 긴장을 완화해 군비 지출을 줄이고, 모두의 안녕을 위해 자원을 확보하는 것입니다. 전 세계가 바라는 방향, 즉 서로 다름을 존중하며 평화롭게 공존하는 길로 가는 것입니다.

다른 한편으로는 미국 주도의 세계 질서, 즉 미국이 세계를 지배하는 체제를 끝까지 고수하는 길이 있습니다. 이 길은 전쟁을 요구합니다. 그리고 결국 러시아가 아니라, 진정한 경제적 대안 세력인 중국과 무력으로 충돌할 구실을 찾는 방향으로 이어질 것입니다. 중국은 세계 지배를 할 수도 없고 관심도 없습니다. 하지만 미국의 지배를 마냥 참고만 있을 수는 없습니다.

어떻게 함께 살 것인지가 아니라 누가 지배자인지의 사고방식에 머무르는 한, 우리는 끔찍한 일들을 계속 만들어낼 것입니다. 세계가 서방에 요구하는 것은 단지 조금 더 많은 민주주의와 정의일 뿐입니다. 그러나 서방은 지난 300년 동안 해온 대로 대포를 쏴대며, 굴복하지 않는 이들의 코앞에 군사기지를 세우고 핵미사일을 들이밀고 있습니다.

○ **교수님도 지난 1년 반 동안 벌어진 일들에 대해 정당하고 기본적인 의문을 제기했다는 이유로 비난받았습니다. 민주주의에 재갈을 물리고 있다고 생각하지 않습니까?**

● 아니요. 저는 괜찮습니다. 우리 정치체제에서는 누구나 자기 의견을 말할 수 있습니다. 아무도 제가 말하고 글 쓰는 것을 막은 적이 없습니다. 많은 사람이 저를 모욕하는 반응을 보였다는 사실은 상관없습니다. 제가 말할 때 그들이 모욕하거나 비웃는 이유는, 그들에게 더 나은 논리가 없기 때문입니다.

제 의견에 동의하지 않는 사람이 있어도 괜찮습니

다. 그들의 논리가 설득력이 있다면 저는 귀를 기울일 것입니다. 제가 진실을 손에 쥐고 있다고 확신할 수는 없습니다. 저는 단지 이해하고 싶고, 세계 곳곳에 있는 사람들의 이야기를 듣고 경제적·권력적 계산의 위선 너머를 보려고 노력할 뿐입니다.

결국 진실은 이런 것 같습니다. 많은 사람이 러시아와 우크라이나에서 아이들이 학살당하고, 그 땅이 파괴되는 것에 전혀 신경 쓰지 않습니다. 사람들의 계산은 이런 것입니다.

'미 제국이 우리를 나쁘게 대해온 것도 아니고 우리의 배를 채워줬다. 우리는 특권층에 속해 있다. 그러니 그들이 우리에게 학살에 동참하라고 요구하더라도, 손에 피를 조금 묻히는 정도라면 괜찮지 않은가? 어차피 이탈리아 젊은이들이 아직 전쟁에서 죽은 것은 아니니까.'

이탈리아의 엘리트 전체, 언론 전체, 그리고 거의 모든 미디어가 이 선택에 동조하고 있습니다. 저는 이 계산이 근시안적이라고 생각합니다. 역사는 빠르게 흐르고 있습니다. 우리의 비열함은 전쟁의 불길을 부추길 수 있습니다. (이탈리아가 중국해로 항공모함을 보낼까요?)

혹은 우리는 정의와 협력, 평화의 세계에 기여할 수 있습니다.

미래가 오직 우리에게만 달려 있는 것은 아닙니다. 그러나 우리에게도 달려 있습니다.

다시, 장자, 물고기의 즐거움을 알다

<코리에레델라세라>의 <라레투라>, 2021년 10월 24일.

장자와 즐거운 물고기 이야기를 기억하나요? 이 책의 시작이 된 이야기죠. "자네는 내가 아닌데, 내가 물고기의 즐거움을 알지 못한다고 어떻게 아는가?" 장자가 제기한 이 질문은 주관적 의식의 문제에 관한 것이었는데, 최근에 이 질문에서 문제가 하나 더 생겼습니다. 그것은 지난 세기의 물질 실험을 통해 부각된 양자 현상을 이해하는 문제입니다. 저는 이 문제를《나 없이는 존재하지 않는 세상》에서 다뤘습니다.

양자 현상을 설명하는 이론인 양자역학은 '관찰자

에게 어떻게 보이는지'를 기준으로 현상을 설명하죠. 이 이론은 사실 자체보다 '관찰자가 이 사실에 대해 가질 수 있는 앎'을 이야기하는 것처럼 보입니다. 이 이론의 정신적 아버지인 덴마크 물리학자 닐스 보어는 다음과 같이 말했습니다. "물리학은 세계에 관한 것이 아니라, 우리가 세계에 대해 말할 수 있는 것에 관한 것이다."

보어가 장자에 대해 알았는지는 모르겠지만, 만약 알았다면 분명히 좋아했을 것이라고 확신합니다. 고대 중국 철학자와 20세기 위대한 물리학자가 같은 정신을 공유하는 것입니다. (보어는 다음과 같이 썼습니다. "심오한 진리의 특징은 그것의 부정 또한 심오한 진리라는 사실이다.")

장자의 사상에는 "물리학은 세계에 관한 것이 아니라 우리가 세계에 대해 말할 수 있는 것에 관한 것"이라는 보어의 일견 실망스러운 견해에 대한 중요한 대답이 내포되어 있습니다. 그 대답은 바로 질문 속에 있습니다. "뭐가 다르지?" 우리가 세계에 대해 말할 수 있는 것이 곧 세계 자체의 한 측면 아닐까요?

물고기를 양자 원자로, 장자를 양자 이론에서 말하

는 관찰자로 바꾼다면, 이 고서의 맛깔난 대화는 양자 문제의 핵심을 찌릅니다. 관찰자 자체가 관찰되는 시스템이기도 하다는 것입니다. 그러니까 관찰자는 그가 관찰하는 시스템과 근본적으로 다르지 않은 것입니다.

1923년에 출판된 작은 책 《나와 너Ich und Du》[1]에서, 오스트리아 출신 유대인 철학자 마르틴 부버Martin Buber는 우리가 세상과 관계 맺을 수 있는 태도에는 두 가지가 있다고 말합니다. 첫 번째 태도는 '그것'을 대하는 '나'라는 태도입니다. 여기서 '그것'은 우리가 이야기할 수 있는 어떤 대상, 생각, 사람을 의미합니다.

두 번째 태도는 '너'를 향한 '나'라는 태도입니다. 이 태도에서는 관계 자체가 강조되며, 두 요소가 동등하고 상호 보완적인 존재로 인식됩니다. 앎의 주체와 객체는 정확히 동일한 층위에 있으며, 서로 함께 그리고 수많은 다른 존재와 함께 실재를 구성합니다.

부버의 관심과 언어는 신학적·윤리적·정치적인 것이지만, 그의 사상의 핵심은 완전히 자연주의적인 과

---

1 국역본: 마르틴 부버, 《나와 너》, 김천배 옮김, 대한기독교서회, 2020년.

학철학을 위해 필수적인 것으로 보입니다. 즉, 앎의 주체는 '세계와 다른 어떤 존재'가 아니라 '세계의 일부'라는 것입니다. 우리는 세계의 안쪽으로부터 세계를 연구하며, 우리가 세계의 일부임을 인식합니다. 그러므로 세계란 우리에게 있어 하나의 만남, 하나의 관계입니다.

우리는 자연 사물들의 형제이지 재판관이 아닙니다. 앎은 세계를 초탈해 존재하는 것이 아니라, 세계 자체의 한 구성 요소입니다. 우리는 거대한 네트워크의 일부입니다. 자연은 우리의 집입니다. 우리는 우리 인간뿐만 아니라 모든 것과 가까운 형제입니다.

"'어떻게 물고기의 즐거움을 아는가?'라고 자네가 물었을 때, 자네는 내가 안다는 것을 알고 있었네. 나는 여기 호수 위에서 알았지." 앎은 영혼처럼 천상계 어딘가에 머물러 있지 않습니다. 앎은 바로 여기, 호수 위에 살고 있습니다.

참고 문헌

Dante Alighieri, *La Commedia secondo l'antica vulgata*, G. Petrocchi (a cura di), edizione nazionale a cura della Società Dantesca Italiana, Mondadori, Milano 1966-1967.

Graham Allison, *Destinati alla guerra: possono l'America e la Cina sfuggire alla trappola di Tucidide?*, Fazi, Roma 2018.

Anish Kapoor. Gallerie dell'Accademia di Venezia & Palazzo Manfrin, Marsilio, Venezia 2022.

Tommaso d'Aquino, *Somma di teologia*, 5 voll., Città Nuova, Roma 2018-2019.

Aristotele, *Il movimento degli animali*, Mimesis, Udine 2014.

——, *Opere 5. Parti degli animali, Riproduzione degli animali*, Laterza, Roma-Bari 2005.

——, *Vita, attività e carattere degli animali*, Duepunti, Palermo 2008.

Martin Buber, *L'io e il tu*, IRSeF, Pavia 1991.

Anne Carson, *Eros il dolceamaro*, Utopia, Milano 2021.

Rosanna Cerbo, Antonio Angelucci, Gabriella Liberati, Mario Balzano (a cura di), *Sofferenza e religioni abramitiche*, Paolo Loffredo, Napoli 2023.

Galileo Galilei, *Dialogo sopra i due massimi sistemi del mondo*, Einaudi, Torino 2002.

Daniele Ganser, *Le guerre illegali della Nato*, Fazi, Roma 2022.

Aldo Giorgio Gargani, *Ernst Mach e la cultura austriaca*, «Nuova civiltà delle macchine», 1990, n. 1.

Martin Heidegger, *Essere e tempo*, Longanesi, Milano 1997.

———, *Quaderni neri*, 4 voll., Bompiani, Milano 2015-2023.

Adolf Hitler, *Mein Kampf*, «Il Giornale», Milano 2016.

Johannes Kepler, *Il sogno di Keplero*, Sironi, Milano 2009.

Brunetto Latini, *Li livres dou tresor*, Slatkine, Genève 1998.

Vladimir I. Lenin, *Materialismo ed empiriocriticismo*, Editori Riuniti, Roma 1973.

Armand Marie Leroi, *The Lagoon. How Aristotle Invented Science*, Penguin, New York 2015.

Ernst Mach, *La meccanica nel suo sviluppo storico-critico*, Bollati Boringhieri, Torino 1992.

———, *Perché l'uomo ha due occhi?*, Edizioni Lit, Roma 2017.

Elsa Morante, *La Storia*, Einaudi, Torino 1974.

Robert Musil, *L'uomo senza qualità*, Einaudi, Torino 1957.

———, *I turbamenti del giovane Törless*, Einaudi, Torino 1967.

Thomas Nagel, *Cosa si prova ad essere un pipistrello?*, Castelvecchi, Roma 2020.

Jean-Luc Nancy, *Corpus*, Cronopio, Napoli 1995.

———, *Que faire?*, Éditions Galilée, Paris 2016.

Salvatore Quasimodo, *Tutte le poesie*, Oscar Mondadori, Milano 2008.

Carlo Rovelli, *Helgoland*, Adelphi, Milano 2020.

———, *Meaning and Intentionality = Information + Evolution*, in A. Aguirre, B. Foster, Z. Merali (eds), *Wandering Towards a Goal*, Springer, Cham 2018.

———, *L'ordine del tempo*, Adelphi, Milano 2017.

———, *Quantum Gravity*, Cambridge University Press, Cambridge 2004.

———, *Relatività generale*, Adelphi, Milano 2021.

———, *Sette brevi lezioni di fisica*, Adelphi, Milano 2014.

Kevin Rudd, *Usa-Cina. Una guerra che dobbiamo evitare*, Rizzoli, Milano 2023.

Baruch Spinoza, *Etica e Trattato Teologico-Politico*, UTET, Milano 2017.

Gino Strada, *Una persona alla volta*, Feltrinelli, Milano 2022.

Zhao Tingyang, *All under Heaven: The Tianxia System for a Possible World Order*, University of California Press, Oakland 2021.

Zhuang-zi[Chuang-tzu], Adelphi, Milano 2020.

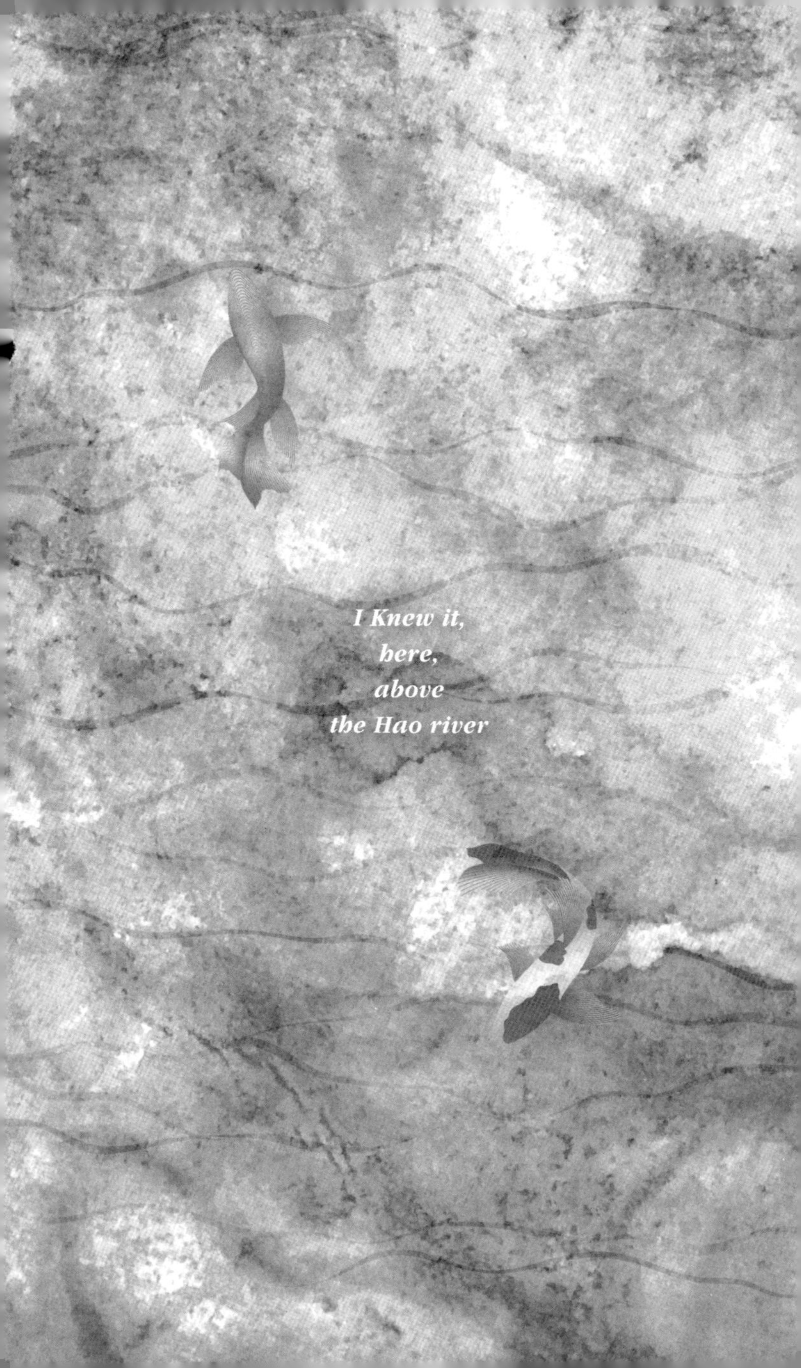
I Knew it,
here,
above
the Hao river

무엇도 홀로 존재하지 않는다

2025년 6월 2일 초판 1쇄 발행 | 2025년 6월 4일 4쇄 발행

지은이 카를로 로벨리
옮긴이 김정훈
펴낸이 이원주

책임편집 최연서 **디자인** 진미나
기획개발실 강소라, 김유경, 강동욱, 박인애, 류지혜, 고정용, 이채은
마케팅실 양근모, 권금숙, 양봉호 **온라인홍보팀** 신하은, 현나래, 최혜빈
디자인실 윤민지, 정은예 **디지털콘텐츠팀** 최은정 **해외기획팀** 우정민, 배혜림, 정혜인
경영지원실 강신우, 김현우, 이윤재 **제작팀** 이진영
펴낸곳 (주)쌤앤파커스 **출판신고** 2006년 9월 25일 제406-2006-000210호
주소 서울시 마포구 월드컵북로 396 누리꿈스퀘어 비즈니스타워 18층
전화 02-6712-9800 **팩스** 02-6712-9810 **이메일** info@smpk.kr

ISBN 979-11-94755-21-0 (03400)